中国热带海岛植被

涂铁要　张奠湘　任　海 —— **主编**

曾商春　谢　智　唐国旺　李盛春 —— **副主编**

重庆大学出版社

图书在版编目（CIP）数据

中国热带海岛植被 / 涂铁要，张奠湘，任海主编
. -- 重庆：重庆大学出版社，2022.10
ISBN 978-7-5689-3426-8

Ⅰ. ①中… Ⅱ. ①涂… ②张… ③任… Ⅲ. ①热带植
物—介绍—中国 Ⅳ. ① Q948.3

中国版本图书馆 CIP 数据核字 (2022) 第 114860 号

中国热带海岛植被　ZHONGGUO REDAI HAIDAO ZHIBEI
主编　涂铁要　张奠湘　任 海

责任编辑：王思楠
责任校对：谢　芳
责任印制：张　策
装帧设计：雨　萌

重庆大学出版社出版发行
出版人：饶帮华
社址 (401331) 重庆市沙坪坝区大学城西路 21 号

网址：http://www.cqup.com.cn
印刷：重庆升光电力印务有限公司

开本：889 mm×1194 mm　1/16　印张：22.25　字数：453 千
2022 年 10 月第 1 版　2022 年 10 月第 1 次印刷
ISBN 978-7-5689-3426-8　定价：198.00 元

编委会

本书承以下基金资助

广东省科技计划项目（2019B030316020）
科技部科技基础性工作专项（2013FY111200/2018FY100107）
广东省林业局林木种质资源调查项目
国家重点研发计划项目（2021YFC3100405）
中国科学院战略性先导科技专项（XDA13020500）
国家自然科学基金项目（32170232/31800447）
广东省野生动植物保护管理项目

本书承以下单位支持

中国科学院华南植物园
华南国家植物园
海南省三沙市人民政府
广东省科技厅
广东省林业局
中国科学院南海海洋研究所西沙海洋环境观测研究站
广东珠海担杆岛—淇澳岛省级自然保护区
广东南澎列岛国家级自然保护区
广东台山上川岛猕猴省级自然保护区
广西涠洲岛自治区级自然保护区
海南大洲岛海洋生态国家级自然保护区

目 录

Introduction

前　言

植被，是指地球上某一地区植物群落的总体，分为自然植被和人工植被。其中，自然植被是在过去和现在的环境因素影响下，出现在某一地区的植物的长期历史发展的结果（吴征镒，1980）。我国早在两千多年前就有了关于植被知识的记载（王美林，1984）。西周（公元前 11 世纪—公元前 771 年）时期的《禹贡》比较了我国东部平原由北向南各区域的植被覆盖情况，较西方最早报道植被地理变化的《植物历史》、《关于植被的论文》等著作至少早了 450 年。然而，从秦汉时期到新中国成立的两千多年间，我国的植被研究在内容和方法上均未取得突破性的进展。直至新中国成立以后，我国才真正大规模地开展了一系列的植被研究工作，尤其是中国科学院等科研院所先后组织了一系列大规模的综合科学考察（吴征镒，1980）。以钱崇澍、吴征镒等于 1956 年发表的《中国植被的类型》和中国科学院植物研究所 1960 年集体编写的《中国植被区划》为标志，我国植被研究迎来了第一个高峰时期（钱崇澍 等，1956；王美林，1984；吴征镒，1980；王乐 等，2021）。

20 世纪 70 年代，我国植物生态学和地植物学工作者系统地总结了我国植被研究的基础理论和实际应用，出版了《中国植被》专著，详细介绍了我国主要的植被类型及其地理分布规律，对各种植被类型中的主要建群种、优势种的地理成分和区系特征做了详尽的说明，绘制了 1:10 000 000 的中国植被图和 1:14 000 000 的中国植被区划图（吴征镒，1980）。

与此同时，地方植被的研究也在如火如荼地进行。广东省植物研究所从1952年开始，经过二十多年的调查研究，在广东植被的类型、特点、分布及其与生境的相互作用等方面积累了许多珍贵的资料，并以此为基础编著了《广东植被》一书，为开发热带、亚热带植物资源以及土地规划等提供了科学依据。陈玉峰等自1981年起开展台湾植被调查，历时二十余年，于2006年完成了《台湾植被志》。1982—1987年间，张宏达等对香港植被进行了全面调查，并于1989年发表《香港植被》。2014年，广西植物研究所苏宗明等完成了《广西植被》第一卷的编纂。王献溥等历时十余年，总结了广西近60年来的植被研究资料，于2014年出版《广西植被志要》上、下册。中山大学生命科学学院彭少麟等人于2014年完成澳门自然植被调查，编著《澳门植被志》并出版。杨小波等从1987年起，历经三十年，对海南植被进行了详尽的调查研究，分别于2019年和2020年先后出版了《海南植被志》第一卷和第二卷。

我国热带海岛植物和植被的研究历史也由来已久。早在1928年，中国国民政府就组织过西沙群岛地质、土壤和植物等方面的科学考察，并出版了《调查西沙群岛报告书》（沈鹏飞，1930）。1939年至1945年，西沙群岛和南沙群岛被日军非法占领，导致国民政府不得不暂停对南海岛屿的调查和巡查。抗战胜利后，张宏达教授于1947年即对永兴岛、东岛、珊瑚岛和琛航岛四个面积较大的岛屿进行了植被和植物多样性调查，初步摸清了西沙群岛的植被状况，翌年发表《西沙群岛的植被》，该文是关于我国南海地区相对系统的植被研究的最早著作（张宏达，1948）。新中国成立后，我国学者对南海诸岛的科学考察活动渐渐重启。1974年1月，中国人民解放军对入侵西沙海域的越南西贡当局进行了自卫反击战，成功收复了西沙群岛。同年，中国科学院华南植物研究所（现为中国科学院华南植物园）对西沙群岛的植物与植被进行了较全面和详细的调查，并于1977年出版了《我国西沙群岛的植物和植被》一书（广东省植物研究所西沙群岛植物调查队，1977）。1977年，陈邦余、陈伟球、伍辉民等再次对西沙群岛的八个岛屿进行了调查研究。到了80—90年代，由中国科学院南海海洋研究所牵头成立了中国科学院南沙综合科学考察队，赴南沙群岛及其邻近海域进行海洋综合调查，来自国内各系统29个单位共300余名科技人员参加了该项综合考察工作，这也是迄今为止我国开展的最大规模的南沙群岛科学考察活动（赵焕庭 等，2017）。1994年，邢福武等人考察了南沙群岛的植物与植被，记录到南沙群岛的维管束植物31科，45属，48种（邢福武 等，1994）。其后，中国科学院华南植物研究所吴德邻等又对南海诸岛的种子植物区系地理进行了研究，讨论了南海岛屿植物区系的起源与演化（吴德邻，1996）。1996年，邢福武、吴德邻等依据中国科学院华南植物研究所长期积累的植物标本，并参考前人的研究资料，整理出版了《南沙群岛及其邻近岛屿植物志》，收录南海诸岛植物共97科262属405种（中国科学院南沙综合科学考察队，1996）。2008—2009年，张浪等对永兴岛、东岛、赵述岛、南岛、北岛、南沙洲等9个岛屿进行了调查，收集到310种维管植物，对这9个岛屿的植物和植被资料作了补充。此外，童毅于2012年先后两次对西沙群岛所有具有植物分布的岛屿及沙洲进行了野外实地调查，对西沙群岛的植物种类与分布进行了统计与更新，完成了西沙群岛植物编目（童毅 等，2013）。2017年，中国科学院华南植物园任海等人综述了中国南海诸岛的植物和植被现状，提出了对南海诸岛植被建设和保护的诸多建议（任海 等，2017）。2019年，邢福武、邓双文等编著的《中国南海诸岛植物志》出版。2019—2020年，中国热带农业科学院热带生物技术研究所调查了中国南沙群岛渚碧岛和永暑岛，编制了植物物种编目表（黄圣卓 等，2020）。

　　除南海诸岛以外，我国学者对广西、广东、福建、海南的热带海岛也进行了一系列的研究。九十年代初，广东省海岛资源综合调查大队对广东沿海大陆性岛屿进行了综合调查，简述了主要岛屿。1993年，宁世江，赵天林等完成了广西海岛植被资源的综合调查（宁世江 等，1993）。1994年，台湾大学的黄增泉等对南沙的太平岛和东沙的东沙岛植物进行了系统研究，发表了详细的植物名录（Huang T C, et al.，1994）。1995年，冯志坚等对广东高栏列岛植物资源进行了调查，共记录维管植物162科501属752种（冯志坚 等，1995）。1996年，邓义发表《从森林植被特点看广东海岛自然地带属性》一文，分析了广东省海岛森林植被的特点与性质，系统论证了广东省海岛的自然地带属性问题（邓义，1996）。此后二十多年间，华南师范大学、华南农业大学、中国科学院华南植物研究所（现为中国科学院华南植物园）、中山大学等单位对广东、香港的各个岛屿的植被进行了详细的调查研究，发表了一系列论著，涉及的岛屿包括广东的南澳岛、特呈岛、担杆列岛、内伶仃岛、淇澳岛、横琴岛，以及香港的大屿山岛、蒲台群岛、果洲群岛、索罟群岛、石鼓洲、瓮缸群岛、长洲岛等。2004年，何仲坚等对广东珠海万山群岛的植物资源进行了详细调查，总共记载维管植物176科547属972种，并依据药用价值进行了分类（何仲坚 等，2004）。2008年，彭逸生等研究了担杆岛自然保护区种子植物区系，共发现野生种子植物124科400属643种（彭逸生 等，2008）。2014年，海南师范大学陈道云等调查了海南万宁市加井岛的植物资源，并分析了岛上的植被类型和群落结构（陈道云 等，2014）。2018—2021年，何雅琴，曾纪毅等对福建连江县目屿岛等六个海岛的维管植物资源进行了调查分析。2019年，广西林业勘测设计院调查了广西海岛与海岸带的植被，并着重调查了涠洲岛和斜阳岛两座火山岛上的天然和人工植被（彭定人，2019）。这些基础性研究工作，为编撰《中国热带海岛植被》奠定了基础。

　　尽管目前已经报道了许多关于我国热带海岛植被的调查研究资料，但是由于海岛条件恶劣且科考费用高昂，以往的科考大多仅限于局部海域的少数几个岛屿，缺少在更大尺度上对我国热带海岛植被的综合性和系统性研究。《中国植被》和《广东植被》由于篇幅的限制，对海岛植物群落的描述极为简单，尤其缺少对不同群丛的物种组成和群落结构的详细描述。为此，本书编者十余年来对我国广东、广西和海南的热带海洋岛屿开展了数十次植被和植物物种多样性调查，其中规模较大的考察包括：科技部科技基础性工作专项《热带岛屿和海岸带特有生物资源调查》项目（主持人：张奠湘，2013—2020）、广东省 908 专项项目（主持人：任海，2007—2010）、中国科学院先导专项 A（主持人：任海，2016—2021）、广东省野生动植物保护管理项目《广东珠海和江门重点保护野生植物资源调查》（主持人：涂铁要，2015—2017）、国家重点研发计划项目（主持人：任海，2021—2025）、广东省省级科技计划项目《中国热带海洋岛屿野生植物种质资源库》（主持人：涂铁要，2018—2022）。在这些项目的支持下，本书编者于 2008—2022 年间对广东海域内的珠江口、汕头、红海湾、大亚湾、川山群岛、阳江及湛江—茂名的 150 个大陆性海岛、海南的七洲列岛以及大洲岛等 10 个大陆性海岛、广西北海湾和广东湛江的 3 个火山岛，以及西沙群岛的 20 个热带珊瑚岛进行了植被和植物多样性调查。本书编者最近十年的考察使得华南植物园标本馆（IBSC）收藏的海岛植物标本数量由 2013 年以前的 2630 号增加至 6000 号以上，收集到植物样方数据 530 个，报道了在中国仅分布于万山群岛的我国大戟科新纪录属厚托桐属 [海厚托桐：*Stillingia lineata* subsp. *pacifica*（Mull. Arg.）Steenis]（Li et al., 2017），该属仅分布于珠海万山群岛的两个小型岛屿，数量不超过 500 株，种群极小，表明海岛特殊生境对于经济发达地区的野生动植物保护具有重要的意义。在2016 年对万山群岛植物的考察过程中，编者还发现了壳斗科栎属一新种——万山栎（*Quercus pseudosetulosa* Q.S. Li et T. Y. Tu）（Li et al, 2018）。万山栎为一小型乔木，仅见于万山群岛溪流两旁山坡，该植物种群数量极少，仅有 40株左右。在万山群岛发现万山栎再一次表明以前极少研究过的珠三角沿海岛屿生境和物种组成具有独特性和不可替代性，非常值得进一步深入开展对该特殊生境类型中的植被和植物物种多样性、遗传多样性以及保护生物学的研究。此外，我们还在万山群岛发现 2 个疑似新种以及野牡丹科毛菍（*Melastoma sanguineum* Sims.）的白花变异类型，这些种群数量同样极其稀少。我们也首次在广东部分大陆性海岛记录到金毛狗 [*Cibotium barometz*（L.）J. Sm.]、四药门花 [*Loropetalum subcordatum*（Benth.）Oliver]、苦梓（*Gmelina hainanensis* Oliv.）、绣球茜（*Dunnia sinensis* Tutch.）、粘木（*Ixonanthes reticulata* Jack）、毛茶 [*Antirhea chinensis*（Champ. ex Benth.）Forbes et Hemsl.]、白桂木（*Artocarpus hypargyreus* Hance）、紫纹兜兰 [*Paphiopedilum purpuratum*（Lindl.）Stein] 等国家级或省级重点保护野生植物。这些研究结果均表明和大陆相比，热带海岛植物和植被特殊、重要且不可替代，非常值得进一步深入研究。

为了相对完整地呈现我国热带海岛植被的全貌，编者从近十年来调查的 500 余个植物样方中选取一部分记录较为详细并且较有代表性的植被类型作为《中国热带海岛植被》的主体内容，共包含 11 种植被型、86 群系、111 群丛，对每个群丛的外貌特征、群落结构、物种组成等进行了详细描述，部分群丛附有立木表以进一步量化植物群落的结构特征。这些植被类型涵盖了我国热带海域的珊瑚岛、火山岛和小型大陆性海岛的常见植被类型。需要指出的是，我国海南岛主岛、台湾岛主岛及其附属海岛、香港和澳门所属海岛以及因国外非法占领等原因而难以开展实地考察的部分海岛未纳入本书编写范围，日后条件成熟可继续深入研究。本书可为我国热带海岛的生态文明建设、热带海岛植被恢复与重建、热带海岛特殊生境下生物多样性保护与物种保育、热带海岛战略植物资源的研究等工作提供参考依据。

由于我国热带海岛分布辽阔，岛屿众多，植被类型复杂多样，部分海岛因其地形复杂、地势陡峭而难以全面深入调查，加之编者水平有限，疏漏及错误之处在所难免，敬请读者不吝批评指正！

编者

2022 年 10 月

1

The Natural Environment of
Tropical Island in China

中国热带海岛的
自然环境

中国热带海岛的分类

　　植被是地球表面某一地区所覆盖的植物群落之和（吴征镒，1980）。中国热带海岛植被即中国热带海岛上所有植物群落的总和。植物与环境之间存在相互作用，环境影响植被生长，反之植被也能影响环境。植物所处的环境不同，所形成的植被类型也不尽相同。了解植被的特征，首先要了解植被所处的环境。

　　地理学上的热带，指的是地球上南、北回归线（南纬23.5°~ 北纬23.5°）之间的广大区域，包括亚洲、非洲、南美洲、北美洲的部分，以及大洋洲的大部。而亚热带则是指北回归线以北由热带过渡到温带的地带。在植被分区上，我国华南和西南地区北回归线附近及其以南部分区域又被称为"南亚热带"，其植被分区属于"南亚热带常绿阔叶林带"，分布于这个带中的植被和植物区系成分表现出明显的过渡性质（林英，1964）：一方面表现出许多热带特征，另一方面又表现出许多亚热带特征。因此，对于这个带的归属，一些学者认为尚存争议（中国科学院中国自然地理编辑委员会，1988）。编者认为，该区植物虽然在区系上有不少热带成分，但是在植被分区中具有更重要地位的优势种、建群种则往往和典型的亚热带常绿阔叶林具有更高的相似度。此外，该区植被在群落外貌上和典型的热带植被也明显不同。因此，本书采用"南亚热带"的概念，并非指地理上的亚热带的南部。基于以上原因，编者在定义我国热带海岛植被的时候，一方面考虑到海岛所处的绝对地理位置，另一方面也综合分析了海岛植被状况及相对地理位置。台湾岛和海南岛因其面积巨大，岛上形成了独特而多样的植物和植被类型，在本书中不予论述。因此，本书的研究范围为从福建南部到西沙群岛的小型热带海岛植被。需要指出的是，香港、澳门和台湾所属的海岛以及因国外非法占领等原因而难以开展实地考察的部分岛屿也不在本书所研究的范围之内，期望将来条件许可的情况下开展进一步研究。

中国热带海岛分布于我国南海200多万km²的宽广海域，位于北纬23°29′~北纬3°58′和东经106°30′E~东经117°50′E之间，南至曾母暗沙海域，北到汕头南澳县，西起北部湾中部，东抵黄岩岛海域（杨文鹤，2000）。其中，面积在500m²以上的海岛有2674个（杨文鹤，2000；中国海岛志编纂委员会，2013；2014；中华人民共和国国土资源部，2017），按其成因可分为三种类型：大陆性岛屿、珊瑚岛和火山岛。大陆性岛屿又称为大陆性海岛或大陆岛，是由于地壳运动引起陆地下沉或海面上升，部分陆地与大陆分离而成的岛屿，一般来说大陆岛距离大陆不远，台湾岛和海南岛就是我国最大的两个大陆岛。珊瑚岛是由珊瑚虫的骨骼以及其他贝壳等海洋生物残骸堆积而形成的，我国典型的热带珊瑚岛当属南海诸岛。火山岛是由海底火山喷发物堆积而成的，如台湾的

1. 中国热带海岛—直湾岛

澎湖列岛、广西北海的涠洲岛和斜阳岛、广东湛江的硇洲岛等。我国热带海岛具有分布范围跨度大、面积小，海拔较低，近岸岛居多，离岸岛富珊瑚特色，淡水资源短缺，常住人口稀少，海域生物物种丰富，岛陆多样性相对较低等特征（江志坚 等，2010）。

我国热带海岛的自然植被有森林、灌丛、草地和湖沼植被。森林主要分布于面积相对较大的岛屿中部，灌丛在除森林之外的地区遍布，草地不连续地分布在海岛沿岸。湖沼植被仅见于我国热带珊瑚岛的东岛、琛航岛等岛屿，分布面积一般较小，然而其对部分岛屿动物的生存可能极为重要。栽培植被以台湾相思林、马尾松林、椰子林、木麻黄林以及水稻和栽培果蔬为主。

对于同一类型的热带海岛，岛屿和岛屿之间的水热条件和土壤性质差异相对较小，其形成的植被群落虽有差异，但有很强的相似性，而且各海岛越临近海岸，植物群落越相似，属于隐域植被。对于某一具体海岛，由于岛内生境异质性的存在，不同植物种类集聚出现在不同的区域。在空间上，岛屿由外至内植被盖度逐渐增加，高度增高，形成条带状或镶嵌状群落分布的空间梯度。以热带珊瑚岛为例，岛礁的中心是高大的乔木林，如抗风桐（*Pisonia grandis*）、红厚壳（*Calophyllum inophyllum*）等；而它的外侧，是由草海桐（*Scaevola taccada*）、银毛树（*Tournefortia argentea*）、海滨木巴戟（*Morinda citrifolia*）、海人树（*Suriana maritima*）等组成的灌木植物带；最外侧沿着海滩则分布着一道低矮的草本植物带，如细穗草（*Lepturus repens*）、厚藤（*Ipomoea pes-caprae*）、海刀豆（*Canavalia rosea*）、铺地刺蒴麻（*Triumfetta procumbens*）等。一般来说，岛屿越大，其植物群落类型越多，而且以乔木为主的群落占岛屿的面积越大；岛屿越小，其植物群落类型越少，而且以灌草或藤本为主的群落占岛屿的面积越大（任海，2020）。

本书主要通过图文并茂的方式描述我国热带海岛的植被类型，包括热带大陆性岛屿、热带火山岛和热带珊瑚岛。本书参考《中国植被》和《广东植被》的植被分类系统，对我国热带海岛的植被进行分类，对不同的植被类型作了详细的描述，并附以植被景观、群落照片，可让读者了解中国热带海岛的植被状况，为海岛生态建设提供参考。以下分别对我国热带大陆岛、热带珊瑚岛和热带火山岛的自然环境和植被概况作简要介绍。

中国热带海岛的自然环境

中国热带海岛位于我国南海，海底是由花岗岩、变质岩或沙岩等构成的不平坦的石质海底，海水表层温度为 25~28℃，海水含盐量约 3.5%。我国热带海岛大多都分布在沿岸海域，距离大陆超过 10km 的热带海岛仅占约 33%（杨文鹤，2000）。大陆岛的数量最多，主要分布在广东、福建沿海。火山岛的数量最少，主要分布在海南岛和台湾岛周围。我国热带珊瑚岛即南海诸岛，由 200 多个岛屿、沙洲、礁滩组成，包括东沙群岛、西沙群岛、中沙群岛和南沙群岛（吴德邻 等，1996；杨文鹤，2000；孙元敏，2010）。

中国热带大陆岛、珊瑚岛和火山岛上的气候条件较为相似，但在地质地貌、土壤类型等方面差异巨大。因此，编者对我国热带这三种热带海岛的自然环境分别加以叙述，以便读者比较其异同。

中国热带大陆岛的自然环境

地质地貌和土壤

大陆岛原是大陆的一部分，后因地壳下沉或海面上升而形成，一般距离大陆较近（陈玉凯，2014）。我国热带大陆岛包括台湾岛、海南岛及其附近的岛屿、香港岛及其周围岛屿、广东近海的内伶仃岛、海陵岛、川山群岛、荷包岛、担杆列岛、南澳岛等（许增旺，2001；武艳芳 等，2009；陈定如 等，1996；杨东梅 等，2010；李薇 等，2018；邓义，1996；何仲坚 等，2004；贠建全 等，2017；周厚诚 等，1997）。其中，台湾岛是我国面积最大、海拔最高的大陆岛（陈玉凯，2014）。

大陆岛是大陆向海域的自然延伸，其地质构造、地貌形态、土壤组成与邻近的大陆十分相似（陈连宝 等，1995）。在我国热带大陆岛上，发育有低山丘陵、平原、风成沙地、海滩和水下浅滩等多种地貌类型，不同的地貌类型中又形成了各种各样的土壤（朱世清 等，1995）。中国热带大陆岛上的土壤类型有红壤、赤红壤、水稻土、滨海沙土、滨海盐土、石质土，共 6 个土类，11 个亚类，22 个土属，34 个土种（中国海岛志编纂委员会，2013）。

低山丘陵是我国热带大陆性岛屿的主要地貌类型，主要分布于广东沿海海拔 300m 以上的海岛，最高峰为南澳岛西部的高嶂崀，海拔 588.1m，土壤类型主要有红壤和赤红壤。红壤的母质为花岗岩，土体富含石英砂粒，质轻，土层深厚，黏粒含量少，保肥蓄水能力差，矿物养分较为丰富，基础肥力一般。赤红壤是南亚热带季风常绿阔叶林下形成的地带性土壤，成土母质是花岗岩风化物，有机质分布不均匀，氮、磷、钾贫乏，土壤呈酸性（陈树培 等，1994；朱世清 等，1995）。

平原区是水稻土的主要分布区。南澳岛、海山岛、上川岛、三灶岛、高栏岛、淇澳岛、海陵岛、南三岛等较大的海岛均有面积大小不等的冲积和海积平原，地形平坦、开阔，光照充足，水源丰富，排蓄良好。水稻土是由平原区的花岗岩残积物、洪积物和滨海沉积物在人类的精耕细作之下逐渐发育而成的，剖面结构分为耕作层、犁底层、耕作淀积层、母质层4层。其中耕作层土层深厚、肥沃，土壤有机质丰富，十分适于发展农业生产（陈树培 等，1994）。

风沙地貌主要分布于海岛沿海的海湾处，包括沙堤、沙滩和沙质堆积阶地，土壤类型为滨海沙土和滨海盐土。滨海沙土的土层深厚，质地松软，保蓄性能差，有机质和养分含量较低，宜植树造林以防风固沙。滨海盐土的母质为浅海沉积物，土体中常见贝壳碎屑等海洋生物遗骸，并含有大量的可溶性氯化物，不适合大部分陆地植物生长（陈树培 等，1994；朱世清 等，1995；中国海岛志编纂委员会，2013）。

海滩地貌、滨海潮间带的土壤类型主要为滨海盐土和滨海沙土。在海岛边缘受海浪冲刷的岩石上，还分布有石质土。石质土仅存在于岩石缝隙中，伴生少量灌草丛及苔藓、地衣植被，属于土壤发育的初期阶段，土壤中含泥土极少，主要含有大块的石头及砾石（陈树培 等，1994；中国海岛志编纂委员会，2013）。

气候

中国热带大陆岛位于欧亚大陆的东南边缘，属亚热带季风气候区，太阳辐射强烈，热量丰富，终年温度较高，雨量充沛。由于海陆温差的变化，冬春季节盛行东北季风，常出现热带植物和作物所不能忍受的低温寒害；夏秋季节盛行西南和东南季风，常出现高温多雨天气。总体来看，我国热带大陆岛的气候受海洋气团影响显著，因此也具有较为明显的热带海洋性气候特征（陈树培 等，1994）。

我国热带大陆岛年平均日照时数约2000~2300小时，年平均气温约21.5℃，最冷月（一月）平均气温13.9℃，极端最低气温2.9℃（出现于2015年1月，广东省阳江市海陵岛，国家气象科学数据中心）。由此可见，我国热带大陆岛年平均气温较高，热量较为充足，但高温主要出现在夏秋季节，冬春季节气温普遍偏低，易出现寒害。

我国热带大陆岛降水丰沛，年均降水量均为1341mm。其中，位于广东中部的岛屿如川山群岛、海陵岛一带降水较多，而东西两翼岛屿降水量相对较少。从降水时间分配来看，珠江口以东的海岛雨季一般在4—9月，珠江口以西雨季一般为4—10月，雨季长达半年之久。但11月至翌年3月为旱季，雨量仅占全年总降水量的 20% 左右。这种情况是由于冬季风和夏季风的来源不同，致使冬春少雨，夏秋多雨，干湿季分明。这种气候在植被上的反映，就是我国热带大陆岛上的森林类型主要为南亚热带季风常绿阔叶林（陈树培 等，1994）。

植被概况

我国热带大陆性岛屿有 6 个常见的植被型，即南亚热带常绿针叶林、南亚热带针阔叶混交林、南亚热带常绿阔叶林、红树林、灌丛和灌草丛，共包含 63 群系，80 群丛。其中，南亚热带常绿阔叶林为我国热带大陆性岛屿的主要地带性植被（邢福武 等，2003）。由于长期受到人类经济活动干扰和砍伐，我国热带海岛的原生植被已被破坏殆尽，现存的植被主要是次生的南亚热带常绿阔叶林（覃朝锋 等，1990），其基本组成成分为壳斗科（Fagaceae）、樟科（Lauraceae）、木兰科（Magnoliaceae）和山茶科（Theaceae）植物。常见的有岭南青冈（*Cyclobalanopsis championii*）群落、华润楠（*Machilus chinensis*）群落、豺皮樟（*Litsea rotundifolia* var. *oblongifolia*）群落等。在我国热带大陆岛的河口三角洲海岸带常生长着繁茂的红树林，过去由于过度人为干扰，现仅在部分海

1. 中国热带大陆性岛屿植被

中国热带海岛植被

湾残存有红树林群落的片段,主要有海榄雌(*Avicennia marina*)、秋茄树(*Kandelia obovata*)、银叶树(*Heritiera littoralis*)群落、卤蕨(*Acrostichum aureum*)群落等(覃朝锋 等,1990)。山地灌丛群落通常是在干旱、贫瘠的山坡上自然演替起来的,常见的有桃金娘(*Rhodomyrtus tomentosa*)群落、岗松(*Baeckea frutescens*)群落等。山地灌草丛常见于热带海岛高潮线以上的沙滩或山地森林与灌丛的接壤地带,主要有类芦(*Neyraudia reynaudiana*)群落、芒萁(*Dicranopteris pedata*)群落、五节芒(*Miscanthus floridulus*)群落等。滨海沙生草丛是沙堤、沙滩、沙嘴等地固沙防风的先锋群落之一,主要有厚藤(*Ipomoea pes-caprae*)群落等。除此之外,在人类经济活动的干扰下还形成了各种人工植被,包括马尾松(*Pinus massoniana*)群落、台湾相思(*Acacia confusa*)群落等(何仲坚 等,2004)。

中国热带珊瑚岛的自然环境

地质地貌和土壤

我国的热带珊瑚岛位于南海,包括东沙群岛、中沙群岛、西沙群岛和南沙群岛。珊瑚岛是由海底石灰岩基质上聚生珊瑚虫,并由这些珊瑚虫的骨骼依附于基质,和贝类等海洋生物遗骸共同经过地壳沉降和升起、生物沉积而逐步形成的。我国热带珊瑚岛最大的岛屿是西沙的永兴岛,面积1.85km²,海拔4~5m。受海潮和风浪影响以及珊瑚岛土壤的限制,岛上自然植被不易形成(任海 等,2017)。

南海属于热带海洋,海水表层温度25~28℃,海水含盐量3.5%,海水能见度大,这是珊瑚虫适宜的繁衍生息之地。我国的热带珊瑚岛就是由这些小珊瑚虫的骨骼依附在这些海底基质上经过多次地壳上升和下降活动逐步升出海面而形成的海岛(广东省植物研究所西沙群岛植物调查队,1977)。其中,西沙群岛的珊瑚岛是在第四纪初期或中期以后逐步发展起来,最后升出海面的。现在仍然有许多暗礁继续以每年升高约1cm的速度发展。永兴岛和东岛等就是从环形暗礁进一步发育而成的。它们多呈椭圆形,中央部分稍低,边缘略高,往外侧有一条狭长的沙滩,接着是平缓的海漫滩,向四周延伸开去,构成宽约1~2km的礁盘,在退潮时低潮线离海漫滩约400~600m,礁盘的外缘常急剧下降到1200m以下的深海。年代较短的环形礁盘往往是马蹄形,它们有的已升出海面,偶有一个宽度不等的缺口,中央部分仍然被海水所淹没。另一些环形礁盘还没有升出海面,仍然淹没在低潮线之下,被称为暗礁或暗沙(张宏达,

1974）。

我国热带珊瑚岛地势低平，海拔高度一般在 3~8m 之间。西沙群岛的石岛是我国热带珊瑚岛的最高点，海拔为 13.8m。在海浪的推动下，珊瑚碎屑沙砾、珊瑚沙等堆积于海岛周围，形成略高于内部平原的沙丘、沙堤，以及特殊的碟形地貌（海南省海洋厅调查领导小组，1999）。相应地，石岛的植被也略有特色，比如逸生耐旱植物仙人掌在干旱向阳的边坡上成片生长。

珊瑚岛的基岩是石灰质，成土母质比较单纯，主要由珊瑚和贝壳的残体碎屑所组成。由于珊瑚岛形成的年代短暂，成土过程尚处于开始阶段，岛上缺乏成熟的土壤。面积稍大一点的珊瑚岛上部通常覆盖着厚度不一的鸟粪层，随后传播到岛上的植物往往直接长在鸟粪层上。因此表层的土壤是由鸟粪与风化了的珊瑚骨骼和贝壳以及植物的腐殖质混合组成。这样的土壤剖面缺乏明显的分层，只在靠近高潮线的沙滩上，有了植物的侵入，才能找到成土过程的前期产物（龚子同 等，1996；赵焕庭，1996）。

珊瑚岛的土壤在成土过程中没有产生黏粒和硅等矿物，缺乏铁和铝而富含钙和磷，土壤pH值约为8~9。珊瑚岛的土壤可简单分为两类：一类是林下的土壤，称为石灰质腐殖土；另外一类是单纯的冲积珊瑚沙土，如面积较小的珊瑚岛或沿岛海滨的沙土。石灰质腐殖土是珊瑚岛常绿乔木群落和常绿灌木群落之下的土壤，它由珊瑚沙、鸟粪和植物残落物所成，土壤的有机质相当丰富。西沙群岛的鸟粪土在日军非法占领期间以及解放后曾被大量开采，现已少见。冲积珊瑚沙土分布于各岛屿沿岸的海滨，仅由风浪堆积的珊瑚及贝壳类动物残体碎屑所构成。在潮水能够到达的地方，颜色呈黄白色，有机质缺乏，含盐量较高，通常没有植被，只有稀疏的先锋草本植物生长。在沙堤之上及其内侧，底土为黄白色珊瑚沙，有机质缺乏；表层土为灰白色的细沙，缺乏鸟粪；表层土之上开始有植物残落物的积累（龚子同 等，1996）。

此外，在东岛和琛航岛上由强大台风所形成的小湖中，还形成了沼泽化的盐渍沙土，土壤紧实，层次不明显，含盐量较高。总之，我国热带珊瑚岛的土壤是在特殊基质上形成的一种特殊的土壤。它与一般热带森林下形成的土壤大不相同，缺乏黏粒和硅而富含磷和钙，缺乏铁和铝而土壤水分含盐量较高，同时，镁、钠和钾离子含量也均较高。中国热带珊瑚岛富于热带气候条件，而岛上的植被缺乏季雨林和雨林的特征，一些学者认为这在很大程度上反映出土壤对植被的影响远远超过了气候对植被的影响（张宏达，1974；张浪 等，2011；龚子同 等，2013）。

气候

中国热带珊瑚岛属于典型的热带海洋性季风气候，太阳辐射强烈，日照丰富，全年高温。年平均气温 26~27°C，最冷月（一月）平均气温为 22.9°C，六月平均气温为 28.9°C。我国热带珊瑚岛雨量充沛，年降水量约为 1500mm，但降雨季节分布不均匀。6—11 月为雨季，受西南季风的影响，天气湿热，降水丰富，占全年降雨总量的 80% 以上。雨季多台风、热带气旋等灾害性天气。每年 12 月至翌年 5 月为旱季，东北季风盛行，温度相对较低，干旱少雨，降雨量占全年降雨总量的 20% 以下（海南省海洋厅调查领导小组，1999）。

植被概况

　　中国热带珊瑚岛上常见的植被类型包括珊瑚岛热带常绿乔木群落、珊瑚岛热带常绿灌木群落、珊瑚岛热带草本群落、珊瑚岛热带湖沼植物群落和珊瑚岛热带栽培植物群落，共 5 种植被型，16 群系，22 群丛。依据《中国植被》的植被分区标准，我国热带珊瑚岛的主要植被属于 V 热带季雨林、雨林区域，VC 南海珊瑚岛植被亚区域，VCii 季风热带珊瑚岛植被地带（东、中、西沙群岛珊

1. 中国热带珊瑚岛植被

瑚岛植被区）和 VCi 赤道热带珊瑚岛植被地带（南沙群岛珊瑚岛植被区）（广东省植物研究所西沙群岛植物调查队，1977；吴征镒，1980）。

我国热带珊瑚岛的地带性植被是珊瑚岛热带常绿林，包括珊瑚岛热带常绿乔木群落和珊瑚岛热带常绿灌木群落。在一些较大的岛屿，形成以抗风桐（*Pisonia grandis*）、海岸桐（*Guettarda speciosa*）、橙花破布木（*Cordia subcordata*）或红厚壳（*Calophyllum inophyllum*）为单优种的纯林。珊瑚岛热带常绿灌木群落在各岛屿普遍分布，面积大而且连成片，其种类也较简单且优势种突出，常见的有草海桐（*Scaevola taccada*）群落、银毛树（*Messerschmidia argentea*）群落、海人树（*Suriana maritima*）群落和水芫花（*Pemphis acidula*）群落等。草本植被主要分布在高潮线以上的海滩上，组成种类多以禾本科（Poaceae）、莎草科（Cyperaceae）、马齿苋科（Portulacaceae）、紫茉莉科（Nyctaginaceae）、苋科（Amaranthaceae）和菊科（Asteraceae）为主。除自然植被外，在部分人工和天然珊瑚岛上还建设了大面积的"近自然节约型功能性"植物群落（任海，2017）。这些天然和人工植被为热带珊瑚岛的安全、宜居和可持续发展提供了基础的生态保障和生物安全保障。

中国热带火山岛的自然环境

地质地貌和土壤

火山岛是由海底火山喷发物堆积而成的，广东的硇洲岛、台湾的澎湖列岛、广西的涠洲岛与斜阳岛等均为火山岛。其中，斜阳岛为广西第二大海岛，最高处羊尾岭海拔 137m，中部为火山口遗迹，地势低洼，周围高起，呈盆地状，海岸多为陡峭的海蚀崖。涠洲岛为广西第一大海岛，为第四纪玄武岩浆喷发时在水下堆积而成，地势自南向北缓缓倾斜，最高处为南端的灯楼顶，海拔 79m；北部沿岸以海积地貌和珊瑚礁地貌为主，岛上不同程度地保存有火山活动的遗迹（彭定人 等，2019）。

我国热带火山岛地表主要由第四纪喷溢的玄武质火山岩和火山沉积岩组成，其下发育海相第三系和石炭系。美丽的海岛被绚丽多姿的热带珊瑚及岸礁环抱，在波浪和潮汐等外力作用下，火山岩和珊瑚岸礁被塑造成海蚀阶地、海蚀崖、古海蚀崖、海蚀残丘、海蚀穴、海蚀窗、海蚀桥、海蚀柱、砾石滩、银白沙滩等独具特色的热带火山岛海岸地貌，在斜阳岛、猪仔岭岛周边以及涠洲岛西岸、西南岸、东南岸一带发育十分完整（中国海岛志编纂委员会，2014）。

火山地貌在我国热带火山岛上均有分布，总面积约 20.46km²。主要由橄榄玄武岩，沉凝灰岩，沉凝火山角岩、火山集块岩等火山碎屑岩构成，地层铲状平缓。火山碎屑岩层中发育出交错层理、斜层理及水平层理，其形成环境为第四纪海底喷溢堆积而成的玄武质火山岩和火山沉积岩，后因新构造运动抬升为海岛（中国海岛志编纂委员会，2014）。

海积地貌包括现代海积地貌和古海积地貌，在我国热带火山岛上，以涠洲岛北部和西南部以及硇洲岛发育得最为完整。现代海积地貌包括沙滩、沙砾滩和砾石滩，由含珊瑚碎屑和贝壳碎片的中砂组成，并含有少量的玄武岩屑和珊瑚礁块。古海积地貌包括沙堤和潟湖堆积平原。沙堤规模较小，一般长50～4000m，宽20～500m，沙堤沉积物中珊瑚、贝壳等生物碎屑含量较高，经胶结形成海滩岩。滨海沙堤内侧为古潟湖，地形平坦，呈长条状或块状分布，如指状伸入陆地，靠陆一侧常与火山碎屑岩台地的残坡相接，靠海一侧多与沙堤相连，其沉积物主要由黏土质沙土和粉砂质黏土组成（中国海岛志编纂委员会，2014）。

中国热带火山岛的土壤有赤红壤、水稻土、滨海沙土、滨海盐土、火山灰土等土类（莫权辉 等，1993）。其中，赤红壤、水稻土、滨海沙土、滨海盐土与我国热带大陆性岛屿上的相似。火山灰土是我国热带火山岛上独有的土壤类型，土体深厚，达50cm以上。土壤有机碳含量大于0.6%，含有较多的火山玻璃，具有玻璃质的火山灰特征。一些已经开垦利用的火山灰土，剖面结构还含有耕作层（莫权辉 等，1993）。广东硇洲岛和广西涠洲岛地势平缓、土地肥沃，绝大部分地域被开垦用于农业耕作，极少保留自然植被。

气候

中国热带火山岛地处南亚热带海洋性季风气候区，气候温和，阳光充足。年平均日照时数2234小时，年平均气温23.0℃，极端最低气温为2.9℃（出现于2015年1月，广西涠洲岛，国家气象科学数据中心），极端最高气温达35.4℃。年平均降水量1360mm，雨季为5—9月。每年9月至翌年3月盛行偏北风，4月至8月盛行偏南风，年平均风速4.8m/s（国家气象科学数据中心）。其中，涠洲岛上每年7—10月为台风高发期，对岛上植被和人类生产生活的影响十分严重（刘文杰，2012）。

植被概况

我国热带火山岛有4个常见的植被型，即南亚热带常绿落叶阔叶混交林，南亚热带常绿阔叶林，灌丛和灌草丛，共包含7群系，9群丛。

火山岛因其独特的地质地貌景色，部分岛屿由于工农业生产活动和旅游业的发展，植被受人类活动影响较大，岛上主要的原生植被已不复存在，主要是被砍伐后人工栽植或自身演替形成的次生植被（彭定人，2019）。广东硇洲岛几乎没有自然植被，绝大部分面积被农作物所覆盖，仅沿海部分区域保存了以厚藤（*Ipomoea pes-caprae*）、海刀豆（*Canavalia rosea*）、海雀稗（*Paspalum vaginatum*）、匍匐滨藜（*Atriplex repens*）等为主的滨海沙生植被和沿岸礁岩上成片生长的仙人掌（*Opuntia dillenii*）群落。广西涠洲岛常见群丛的建群种为台湾相思（*Acacia confusa*）、银合欢（*Leucaena leucocephala*）和木麻黄（*Casuarina equisetifolia*）等人工栽培种，岛上分布有数量巨大的以仙人掌为优势种的灌丛。在沙滩内侧，零星分布着由露兜树（*Pandanus tectorius*）、厚藤、沟叶结缕草（*Zoysia matrella*）、鬣刺（*Spinifex littoreus*）、单叶蔓荆（*Vitex rotundifolia*）、许树（*Clerodendrum inerme*）、草海桐、海马齿（*Sesuvium portulacastrum*）、匍匐滨藜（*Atriplex repens*）、南方碱蓬（*Suaeda australis*）等耐盐碱的植物组成的沙生植被。在北港的港湾上还有小片罕见的苦槛蓝（*Myoporum bontioides*）灌丛，向内则过渡到台湾相思林和蕉园及其他农作物（彭定人，2019）。近年来，广西斜阳岛上的人类活动逐渐减少，不少居民已不再长期于岛上定居，岛上植被处于自然恢复的阶段。该岛四周高，中间低，呈盆地状，盆地中间农户耕作以及放牧，四周地势陡峭，发育出了成片的台湾相思林、刺果苏木（*Caesalpinia bonduc*）和仙人掌、变叶裸实（*Gymnosporia diversifolia*）等灌草丛。

1. 中国热带火山岛植被（涠洲岛）

2

Vegetation Classification Theory and
Vegetation Classification System of
Tropical Island in China

植被分类理论及中国热带海岛的
植被分类系统

植被分类的概念

植被（Vegetation）是覆盖地表的植物群落的总称。要了解和认识一个地区的植被及自然生态系统的特点，我们首先需要对植被进行分类。只有对植被有了正确的认识，熟悉植被的结构特点，掌握植被的演化规律，才能有效地控制、改造自然生态系统，提高植物的生产力，把植被的功能发挥到极致，为人类创造最大的价值。植被分类是按照一定的规律将一个植物群落中植物与植物之间、植物与环境之间的相互关系合理地总结出来，从而进行分门别类的学科。随着人类对植被认识的不断加深，植被分类理论和方法也在不断融合、改进，从而研究出更切合某地区实际的植被分类方法。

植被分类的方法和理论

植被分类问题是植被研究中最复杂的问题之一。由于植被分布的复杂性和主要的植物学学派研究对象的地域局限性，至今尚未形成一个能被全球植被生态学家普遍接受的分类系统。植被生态学发展早期，植被分类在理论和方法上学派林立，这是因为植被既是一种生物现象，也是一种地理现象，它的研究具有很强的地域性。随着研究的深入，国外早期的法瑞学派、北欧学派、前苏联学派、英美学派已逐渐趋于融合，形成了以法瑞植物社会学学派和英美植物生态学学派为主流的两大植被研究体系，建立了各具特色的植被分类系统及其命名方法（宋永昌，2011）。

法瑞学派以植物区系特征作为群落分类的依据，尤其强调"特征种"在群落分类中的作用，其分类系统的特点是标准化和系统化。而英美学派主要以生态外貌、群落动态和植物区系为植被分类的主要依据，高级单位注重外貌，中低级单位注重区系组成，强调"优势种"在中低级单位中的作用（Braun-Blanquet J. ,1965; Rodwell J.S. et al. 1991）。

我国植被分类的研究成果以《中国植被》一书的出版为典型代表。《中国植被》的分类系统主要受前苏联学派的影响，同时吸取各家之长，尽可能利用一切有用的分类特征。高级单位的分类主要以群落外貌为依据，并考虑群落动态和生态关系，中低级单位主要以物种组成和群落结构为依据（吴征镒，1980）。各地方植被的编写则没有统一的标准，主要根据各自所属地区的地域特点及各自确定的分类原则和依据采用各自的植被分类系统（郎学东 等，2021）。

中国热带海岛植被分类原则

自然植被由于外貌、结构和组成种类等自身特征的不同，自然而然地区分为不同的植物群落。我们认为，在对热带海岛地区的植被进行分类时，采用植物群落学的原则是比较切合实际的。也就是说，植被分类主要考虑植被本身的特征，如群落外貌种类成分及其数量关系、生长情况和分布特点、植物的生活型、群落季节性节律、群落结构（成层性和镶嵌性）、群落演替方向等（王献溥 等，2014）。本书采用《中国植被》（1980）的植物群落学原则对我国热带海岛植被进行分类，即以植物群落本身的特征作为分类的主要依据，又十分注意群落的生态关系，力求尽可能多地利用生态关系反应植被全貌的特征。但对不同等级的单位，所采用的具体指标是有差异的，如高级分类单位偏重于群落外貌，而中低级单位则更加关注种类组成和群落结构。具体来说，我们进行植被分类的依据有以下几个方面：

植物种类组成和数量

一定的种类组成和数量是一个群落最主要的特征，所有其他特征几乎全由这一特征所决定。中国热带海岛植物群落中，各个层或层片中数量最多、盖度最大、群落学作用最明显的物种称为**优势种**。其中，主要层片（即建群层片）的优势种称为**建群种**。如在建群层片中有两个以上的种共同占优势，则称为**共建种**。在我国热带海岛一些植被类型中，当共建种相当多、很难分出哪一个占优势时，则采用生态幅度狭窄、对该类型有指示作用或标志作用的种作为划分类型的标准，我们称其为**标志种**。**特征种**在群落分类中也具有重要作用，它是通过比较分析大量的调查资料之后确定的（王献溥 等，2014）。例如，抗风桐、海人树等物种在我国其他类型的海岛或大陆地区没有自然分布，而在一些热带珊瑚岛上既是优势种、建群种，也是特征种。

优势种（尤其是建群种）是植物群落中最重要的建造者，它们创造了特定的群落环境并决定了群落中其他成分的存在。一旦建群种遭到破坏，它所创造的群落环境也就随之改变，适应于特定群落环境的那些生态幅较狭窄的物种，也将随之消失。因此，优势种（尤其是建群种）与群落是共存亡的，优势种的改变常常使群落由一种类型演替为另一类型（王献溥 等，2014）。

外貌和结构

植物群落的外貌和结构主要取决于优势种的生活型，某些群落结构单位如层片就是以生活型为主要标准划分的，例如乔木层、灌木层和草本层。因此，为了利用外貌和结构原则，首先要确定所采用的生活型系统。

我们首先将植物分为木本、半木本、草本、叶状体植物四大类，其下按照主轴木质化的状态及寿命长短分出乔木、灌木、半灌木、多年生草本、一年生草本等，再按照体态和发育节律（落叶、常绿等）划分第三级和第四级等（王献溥 等，2014）。值得注意的是，生活在不同海岛或同一海岛不同生境下的同一物种可能具有截然不同的生活型。例如，我们在大万山岛的迎风坡记录到的油叶柯（*Lithocarpus konishii*）成年植株为矮小灌木，高不过30cm，而在担杆岛水热条件较好的背风面，该物种可成长为高达10m的乔木。

任何植被类型都与一定的环境特征联系在一起，它们除具有特定的种类成分和特定的外貌、结构之外，还具有特定的生态幅度和分布范围。有的植被类型生活型和外貌特征相似，但生境条件截然不同。若把它们划为同一植被型，显然是欠妥的。例如，我国热带大陆岛上的常绿阔叶林与我国热带珊瑚岛上的珊瑚岛热带常绿乔木群落，优势种的生活型均为常绿阔叶乔木，群落外貌终年常绿。但它们所处的生境条件迥异，群落结构差异巨大，因此我们将其划分为不同的植被型。

动态特征

中国热带海岛植被分类系统使用了群落外貌和优势种原则，并着重群落现状，没有特别地分出原生类型（顶极群落）和次生类型（或演替系列类型）。但在具体划分植被类型时，也考虑了群落的动态特征。在中国热带海岛地区，次生植被类型是多种多样的。有的次生植被类型是天然林破坏后演替系列的一个组成部分，我们把它们划分出来作为一个植被型，例如针阔叶混交林等。但不少次生植被类型，例如中国热带海岛地区的灌丛，除了那些性状属于灌木的群落，我们把它分出单独划为一类植被类型外，其余的那些性状属于乔木、目前阶段处于灌丛状态的群落，由于它们都是森林破坏后的产物，所以都没有被我们分出，而是被放入有关的森林类型中叙述（王献溥 等，2014）。

中国热带海岛植被分类单位

《中国植被》（吴征镒，1980）基于"高级分类单位偏重于生态外貌，而中、低级单位着重种类组成和群落结构"的分类原则，首次提出了一个较为完整的中国植被分类系统。该系统现已被广泛应用于科研和教学工作以及生产实践中，也成为后来进一步研究中国植被分类系统的基础。本书主要参照1976年的《广东植被》和1980年的《中国植被》的分类体系，在植物生态学派的分类原则和方法上对中国热带海岛的植被进行分类，以植被型—群系—群丛为三级分类单位。其中，植被型为高级单位，群系为中级单位，群丛为低级单位。在植被型之下设一亚级，即植被亚型，视不同情况而定。因此，本书采用的分类单位是：

· 植被型（植被亚型）

· 群系

· 群丛

各级分类单位的具体划分标准如下：

植被型：为中国热带海岛植被分类系统中最重要的高级分类单位。中国热带海岛植被分类系统把群落外貌和建群种生活型相近，同时对水热生态条件关系一致的植物群落联合为植被型。如针阔叶混交林、常绿阔叶林等。

植被型是一定的气候区域（地带性植被）、一定的特殊生境（隐域性植被）的产物。据此确定的植被型，大致有相似的外貌和结构、相似的区系组成、相似的生态性质以及相似的起源和发展历史，从而在生态系统中具有相似的能量流转与物质循环特点（吴征镒，1980；王献溥 等，2014）。中国热带海岛包括11种植被型，全部为地带性植被，反映了中国热带海岛所处的生物气候带。

植被亚型：为植被型的辅助或补充单位。在植被型内，根据优势层片或指示层片的差异进一步划分出亚型。这种层片结构的差异在我国热带海岛上一般是由一定的气候、地貌、基质条件，以及人为干扰程度的不同所引起。例如，我国热带海岛上的灌丛分为两个亚型，一是海滨常绿阔叶灌丛，分布于沿海强风地带、海岛沙滩的远海面或者迎海面的山坡上，组成的植物种类多为耐盐碱和抗风力较强的阳性灌木；二是山地常绿阔叶灌丛，通常是由人类过度干扰所形成的，位于海拔较高的山顶或山腰，组成种类多为低矮灌木和木质藤本。

群系：为中国热带海岛植被分类系统中最重要的一个中级分类单位。凡是建群种、共建种或标志种相同的植物群落联合为群系。如马尾松林、台湾相思林、草海桐林、五节芒草丛等。

一般情况下，地带性群系的分布局限在气候亚带范围内；隐域性群系的分布，则局限在某一特定生态因子的一定梯度范围内。在类型等级上，群系通常局限在某一植被亚型的范围内。但对于少数广生态幅的建群种，常常会遇到一些矛盾。如马尾松林，从北亚热带一直分布到北热带，同时在几个气候带内出现。对这些群系，我们仍遵守上述分类原则，作为一个广生态幅的群系处理，并按其最适生境归入相应的亚型内。我们把马尾松林归入针叶林和针阔叶混交林植被型中。另外，中国热带海岛地区的海滨常绿阔叶灌丛和山地常绿阔叶灌丛的群系，我们认为常绿和落叶两种优势种或共建种必须相同才能联合为同一群系，如果只有其中一种优势种或共建种相同是不能联合为同一群系的。因而虽然有不少群系其中有一个优势种或共建是相同的，但我们不把这些群落联合为同一群系，而是把它们作为若干个群系（王献溥 等，2014）。

群丛：是中国热带海岛植被分类的基本单位。凡是层片结构相同，各层片的优势种或共优种相同的植物群落联合为群丛。即属于同一群丛的群落应具有共同的植物种类，相同的结构，相同的生态特征，相似的生境和相同的动态特点（包括相同的季节变化，处于相同的演替阶段等）。例如罗浮柿 + 绒毛润楠是一个群丛，分布在不同区域的罗浮柿 + 绒毛润楠群丛，不但层片结构相同，而且各层片的优势种也相同（王献溥 等，2014）。

中国热带海岛的植被分类系统

中国热带海岛纬度跨越大，从北纬 23°29′05″的南澳岛至北纬 3°58′20″的曾母暗沙，属于湿润的海洋性气候，地貌类型多样，植被类型丰富。中国热带海岛植被的分类，主要参照 1976 年的《广东植被》和 1980 年的《中国植被》的分类体系，在植物生态学派的分类原则和方法上进行。植被的分类以植被型—群系—群丛为三级主要的分类单位。除灌丛植被型分为海滨常绿阔叶灌丛亚型和山地常绿阔叶灌丛亚型，以及灌草丛植被型分为山地灌草丛亚型和滨海沙生草丛亚型外，均不用"组"和"亚"的辅助级。中国热带海岛的主要植被类型有南亚热带常绿针叶林、南亚热带针阔叶混交林、南亚热带常绿阔叶林、南亚热带常绿落叶阔叶混交林、红树林、灌丛和灌草丛、珊瑚岛热带常绿乔木群落、珊瑚岛热带常绿灌木群落、珊瑚岛热带草本群落、珊瑚岛热带湖沼植物群落、珊瑚岛热带栽培植物群落，共 11 种植被型，86 群系，111 群丛。中国热带海岛植被分类系统的群丛及以上分类单位简表见附录二。

3

Tropical Mainland Island Vegetation

中国热带大陆岛植被

大陆岛的生境特征与植被概况

我国热带大陆岛广泛分布于福建和广东近 8000km 的海岸线上，这两省海岛数量占全国海岛数量的 36%（中华人民共和国自然资源部，2018）。分布区年平均气温为 20~22°C，最冷月（1月）平均气温为 12~14°C，基本无霜，偶有因寒潮 0°C 以下的低温，但持续时间不长。我国热带大陆岛上雨量充沛，年降水量为 1600~2000mm，但季节分配不均，降雨集中于夏季，同时降雨也受到地形的影响，迎风坡和背风坡差异显著。由于受高温多雨以及森林植被的影响，我国热带大陆岛丘陵和台地上的土壤多为砖红壤性红壤，富铁富铝，土壤颜色以红棕色为主，有机质及含氮量因植被状况而变化很大。植被类型相当丰富，以常绿阔叶林为例，建群种主要是以樟科、山茶科、壳斗科、大戟科（Euphorbiaceae）和桑科（Moraceae）等常绿树种为主，另常见桃金娘科（Myrtaceae）、茜草科（Rubiaceae）、豆科（Fabaceae）、芸香科（Rutaceae）、杜英科（Elaeocarpaceae）、冬青科（Aquifoliaceae）、紫金牛科（Myrsinaceae）、棕榈科（Arecaceae）和山矾科（Symplocaceae）等热带性质较强的科。岛屿上的植物多通过海流、鸟播、风播和人类传播种子，大陆性岛屿靠近大陆，其植被与邻近大陆的植被相似度极高（邢福武 等，1993）。

我国热带大陆岛有 6 个植被型，即南亚热带常绿针叶林、南亚热带针阔叶混交林、南亚热带常绿阔叶林、红树林、灌丛和灌草丛，共包含 55 群系，70 群丛。

常绿针叶林
Evergreen Coniferous Forest

针阔叶混交林
Coniferous and Broad—leaved Mixed Forest

常绿阔叶林
Evergreen Broad—leaved Forest

红树林
Mangrove Forest

灌丛
Shrub

灌草丛
Shrub Grass

常绿针叶林
Evergreen Coniferous Forest

　　针叶林是指以针叶树为建群种所组成的各种森林群落的总称。它包括各种针叶树纯林、针叶树种的混交林以及以针叶树为主的针阔叶混交林（吴征镒，1980）。中国热带海岛的自然植被中没有原生性的南亚热带常绿针叶林类型，现存的都是人工种植的次生针叶林。其中，以马尾松群落为代表的常绿针叶林是中国热带海岛分布面积最广的针叶林类型，也是最典型的一种次生林类型，特别是在广东、广西和福建地区，在原生植被完全破坏后由种子容易扩散、生长能力强的树种形成。虽然它们大多是人工纯林，但目前均已趋于近自然状态，绝大多数的马尾松纯林，在没有干扰的情况下，它们的林下已形成一个覆盖度相当大的由常绿阔叶树种构成的林下层。可以预期随着林龄的增长，目前处于林下层的常绿阔叶树种将会迅速成长，并逐渐取代马尾松而成为优势种，促使马尾松纯林向常绿针阔叶混交林演变（覃朝锋，1990）。

　　中国热带大陆岛常绿针叶林共有 1 群系 1 群丛。

| 马尾松群系 | *Pinus massoniana* Formation

马尾松（*Pinus massoniana*）也称青松，属松科松属乔木，高可达 45m，胸径可达 1.5m。为喜光、深根性树种，不耐荫庇，喜温暖湿润气候，能生于干旱、瘠薄的红壤、石砾土及沙质土，或生于岩石缝中，为荒山造林的先锋树种。常组成次生纯林或与栎类、山槐（*Albizia kalkora*）、黄檀（*Dalbergia hupeana*）等阔叶树混生。在肥润、深厚的砂质壤土上生长迅速，在钙质土上生长不良或不能生长，不耐盐碱。

| 马尾松群丛 | *Pinus massoniana* Association

本群丛常见于广东汕头南澳岛，代表群丛位于后宅镇松岭村，北纬 23°25′45.26″，东经 117°03′6.66′，海拔 210m。土壤为山地黄壤，坡向正南，坡度 15° 左右，凋落物层较薄。群丛总盖度约 95%。

群丛外貌呈深绿色，林冠不齐，呈不规则锯齿状。群丛结构简单，物种较为丰富，可分为明显的两层。乔木层高 7~8m，枝下高约为 4.2m，以马尾松为绝对优势种，零星有台湾相思、簕欓花椒（*Zanthoxylum avicennae*）、鹅掌柴（*Schefflera heptaphylla*）等分布，层盖度约 67%。灌木层物种生长密集，组成颇为丰富，层盖度约 80%，以圆叶豺皮樟（*Litsea rotundifolia*）为优

1. 马尾松群丛群落生境

势种，常有秤星树（*Ilex asprella*）、桃金娘、车桑子（*Dodonaea viscosa*）和栀子（*Gardenia jasminoides*）等，偶见野漆（*Toxicodendron succedaneum*）、白花灯笼（*Clerodendrum fortunatum*）、朱砂根（*Ardisia crenata*）、赤楠（*Syzygium buxifolium*）、竹节树（*Carallia brachiata*）、米碎花（*Eurya chinensis*）、黑面神（*Breynia fruticosa*）、潺槁木姜子（*Litsea glutinosa*）、土蜜树（*Bridelia tomentosa*）、了哥王（*Wikstroemia indica*）、山芝麻（*Helicteres angustifolia*）、九节（*Psychotria asiatica*）、白背叶（*Mallotus apelta*）和鸦胆子（*Brucea javanica*）等。草本生长稀疏，以芒萁（*Dicranopteris pedata*）为主，偶见珍珠茅（*Scleria* sp.）等，层盖度不及10%。藤本植物发达，随处可见马尾松树干上弯弯曲曲攀附着蔓九节（*Psychotria serpens*）和两面针（*Zanthoxylum nitidum*），零星分布有鸡矢藤（*Paederia foetida*）、酸藤子（*Embelia laeta*）、过山枫（*Celastrus aculeatus*）、鸡眼藤（*Morinda parvifolia*）和菝葜（*Smilax china*）等。

群丛位于岛中部山腰，生境较为干旱，建群种马尾松长势良好，林内郁闭度不高，灌木种类丰富且生长密集，阻碍了喜阳性的马尾松的正常更新，而台湾相思和鹅掌柴等阔叶树种已有幼苗出现，说明此群丛仅为植被破坏后自然恢复的过渡阶段，群丛处于高速发展时期。

1. 马尾松群丛群落外貌

1. 马尾松群丛群落结构

2. 马尾松群丛林冠层

针阔叶混交林
Coniferous and Broad—leaved Mixed Forest

　　针阔叶混交林是介于落叶阔叶林和针叶林之间的过渡类型。在生态学、森林学中，针阔叶混交林专指由常绿针叶树种和落叶阔叶树种混合组成的典型森林群落——温性针阔叶混交林，在我国仅分布于东北和西南。在东北是以红松为主的针阔叶混交林，为该区域的地带性植被；分布于西南的则是以铁杉为主的针阔叶混交林，是山地阔叶林带向山地针叶林带过渡的森林植被（吴征镒，1980）。

　　此外，在我国亚热带地区分布着由马尾松林向常绿阔叶林演替而形成的针阔叶混交林。亚热带地区高温多雨的气候条件决定了其顶级群落为常绿阔叶林，当阔叶林遭到破坏，马尾松作为先锋树种首先成林，它的到来改善了群落生境条件，土壤和气候条件提升，林内郁闭度增加，使得耐阴性阔叶树种易于侵入，进一步适于阔叶树的生长，进而演替为针阔叶混交林。此种针阔叶混交林如果继续进行发展，山茶科、壳斗科等阔叶植物将逐步取代马尾松，最终形成常绿阔叶林（吴征镒，1980）。

　　中国热带海岛的针阔叶混交林并不是地带性植被，而是海岛原生植被被破坏后，以马尾松等先锋针叶树种进行生态恢复的过渡类型。我国热带大陆岛针阔叶混交林常见有 1 群系 2 群丛。

中国热带海岛的针阔叶混交林中，马尾松群系不是原生植被，而是由海岛原生植被破坏之后，以马尾松等先锋针叶树种进行生态恢复的过渡类型。它的形成过程是：首先，海岛的原生植被破坏后，由种子飞散容易、生长能力强的马尾松形成次生常绿针叶林纯林，逐步改善群落的生境条件；当整个群落的土壤和气候条件逐步提升、林内郁闭度增加时，耐阴性的阔叶树种侵入并大量生长，在没有干扰的情况下，马尾松林下会形成一个覆盖度相当大的由常绿阔叶树种构成的林下层；随着林龄的增长，处于林下层的常绿阔叶树种将会迅速成长，并逐渐取代马尾松而成为优势种，促使着马尾松纯林向常绿针阔叶混交林演变。

中国热带海岛的常绿针叶林和针阔叶混交林中的马尾松群系，都是以马尾松为优势种，并具有巨大发展潜力的群落。所不同的是，常绿针叶林中的马尾松群系，马尾松占绝对优势，无阔叶优势树种；阔叶树种在灌木层、草本层及层间零星分布。而针阔叶混交林中的马尾松群系，除了针叶树种马尾松之外，尚有阔叶树种山乌桕（*Triadica cochinchinensis*）或大叶相思（*Acacia auriculiformis*）为乔木层的优势种；灌木层、草本层及层间植物种类也更为丰富，数量也更多。

| 马尾松 + 红鳞蒲桃群丛 | *Pinus massoniana+ Syzygium hancei* Association

本群丛常见于万山群岛海拔 50m 以下的海边山坡密林，代表群丛位于淇澳岛，北纬 22° 24′ 44.82″，东经 113° 38′ 54.28″，海拔 21m。地面坑坑洼洼，数块花岗岩大石头散落其间。土壤浅黄褐色，表层疏松，腐殖质层较厚，凋落物层厚达 3cm，土壤 pH 6.61。群丛总盖度近 100%。

群丛外貌深绿到暗绿色，林冠马尾松的成熟黑果稀疏可见。群丛林冠不齐，结构较复杂，物种丰富，层次明显。乔木层第一层高 10~14m，优势种为马尾松和山乌桕（*Triadica cochinchinensis*），马尾松最大胸径 40.1cm，此层盖度约 20%。乔木层第二层高 6~8m，优势种为红鳞蒲桃（*Syzygium hancei*），红鳞蒲桃长势优秀，最大胸径 16cm，白楸（*Mallotus paniculatus*）、豺皮樟和黄牛木（*Cratoxylum cochinchinense*）亦有较多数量，并且散生有少量的银柴（*Aporosa dioica*）、天料木（*Homalium cochinchinense*）、雅榕（*Ficus concinna*）和竹节树，层盖度约 80%。灌木层高 4~5m，立木较密集，优势种为豺皮樟（*Litsea rotundifolia* var. *oblongifolia*），散生有黄牛木、越南叶下珠（*Phyllanthus*

cochinchinensis）、米碎花、箣欓花椒、假苹婆（Sterculia lanceolata）、香港大沙叶（Pavetta hongkongensis）、粗叶榕（Ficus hirta）、九节（Psychotria asiatica）、野漆等，层盖度约40%。草本层呈区域密集现象，主要植物为芒萁，高达0.4～1m，另散生一定数量的海南龙船花（Ixora hainanensis）、托竹，层盖度约55%。藤本发达，优势种锡叶藤（Tetracera sarmentosa）于林间交错纵横，另见菝葜（Smilax sp.）、山橙（Melodinus suaveolens）、鸡矢藤（Paederia foetida）、扭肚藤（Jasminum elongatum）、小叶红叶藤（Rourea microphylla）、酸藤子、华马钱（Strychnos cathayensis）、海金沙（Lygodium japonicum）等藤本缠绕于林间。

此群丛物种丰富，红鳞蒲桃、白楸及山乌桕等阴性树种逐渐取代阳性树种马尾松而使得群丛向高一级别发展，潜力较大。

1
| 2 | 3 | 4 | 5 |

1. 马尾松＋红鳞蒲桃群丛群落外貌
2. 马尾松＋红鳞蒲桃群丛群落结构
3. 马尾松＋红鳞蒲桃群丛林下灌木层
4. 马尾松＋红鳞蒲桃群丛林下草本层
5. 马尾松＋红鳞蒲桃群丛林下地被层凋落物

物种中文名	学名	株数	相对多度	相对频度	相对显著度	重要值	生活型
马尾松	*Pinus massoniana*	9	14.06	13.46	68.76	96.29	乔木
红鳞蒲桃	*Syzygium hancei*	9	14.06	13.46	11.75	39.28	灌木至小乔木
黄牛木	*Cratoxylum cochinchinense*	8	12.50	11.54	0.99	25.03	落叶灌木或乔木
银柴	*Aporosa dioica*	7	10.94	9.62	2.77	23.32	乔木
豺皮樟	*Litsea rotundifolia* var. *oblongifolia*	6	9.38	7.69	0.98	18.05	常绿灌木或小乔木
山乌桕	*Triadica cochinchinensis*	3	4.69	5.77	6.72	17.18	落叶乔大或灌木
米碎花	*Eurya chinensis*	4	6.25	5.77	0.50	12.52	灌木
白楸	*Mallotus paniculatus*	3	4.69	3.85	3.55	12.09	乔木或灌木
鹅掌柴	*Schefflera heptaphylla*	2	3.13	3.85	1.20	8.18	乔木或灌木
野漆	*Toxicodendron succedaneum*	2	3.13	3.85	0.34	7.31	落叶乔木或小乔木
盐肤木	*Rhus chinensis*	2	3.13	3.85	0.14	7.11	落叶小乔木或灌木
天料木	*Homalium cochinchinense*	2	3.13	3.85	0.12	7.09	小乔木或灌木
竹节树	*Carallia brachiata*	1	1.56	1.92	1.13	4.62	乔木
亮叶猴耳环	*Archidendron lucidum*	1	1.56	1.92	0.57	4.05	乔木
假鹰爪	*Desmos chinensis*	1	1.56	1.92	0.21	3.69	直立或攀援灌木
簕欓花椒	*Zanthoxylum avicennae*	1	1.56	1.92	0.12	3.61	落叶乔木
秤星树	*Ilex asprella*	1	1.56	1.92	0.07	3.56	落叶灌木
假苹婆	*Sterculia lanceolata*	1	1.56	1.92	0.02	3.51	常绿乔木
毛菍	*Melastoma sanguineum*	1	1.56	1.92	0.02	3.51	大灌木

| 马尾松 + 大叶相思群丛 | *Pinus massoniana+ Acacia auriculiformis* Association

代表群丛位于广东汕头南澳岛后宅镇松岭村，北纬 23°25′45.23″，东经 117°03′6.67″，海拔 225m，土壤浅黄色，带少量砂石，凋落物层平均 5cm，腐殖质层仅 2cm 左右。

群丛外貌呈深绿与黄绿相间，春秋季缀以建群种大叶相思的黄色花。林冠较为不齐，呈不规整牙齿状；结构简单，层次明显，可分为明显的乔木层、灌木层和草本层三层，总盖度可达 80%。物种组成较为丰富，林内郁闭度约 65%。乔木层相对简单，以马尾松和大叶相思为主要树种，这两种盖度约 80%，有少量鲨藤锥（*Castanopsis fissa*）、鹅掌柴和野漆。灌木层较为发达，以桃金娘、车桑子（*Dodonaea viscosa*）、米碎花和圆叶豺皮樟（*Litsea rotundifolia*）居多，此外散布有秤星树（*Ilex asprella*）、野牡丹（*Melastoma malabathricum*）、簕欓花椒、石斑木（*Rhaphiolepis indica*）、栀子、变叶榕（*Ficus variolosa*）、赤楠、山芝麻（*Helicteres angustifolia*）、白花灯笼、黑面神和台湾相思和大叶相思（*Acacia auriculiformis*）小苗等，层盖度约 30%。草本层以芒萁为绝对优势种，常见芒（*Miscanthus sinensis*）、筒轴茅（*Rottboellia cochinchinensis*）等禾草分布，偶见山菅（*Dianella ensifolia*）、乌毛蕨（*Blechnum orientale*）和扇叶铁线蕨（*Adiantum flabellulatum*）等，层盖度可达 55%。藤本较为发达，以酸藤子、蔓九节和无根藤（*Cassytha filiformis*）为主，偶见寄生藤（*Dendrotrophe varians*）、土茯苓（*Smilax glabra*）、羊角拗（*Strophanthus divaricatus*）、五爪金龙（*Ipomoea cairica*）、铁线莲（*Clematis* sp.）、菝葜（*Smilax china*）等。

1 | 2
1. 马尾松 + 大叶相思群丛群落外貌
2. 马尾松 + 大叶相思群丛群落外貌

该群丛中的建群种马尾松和大叶相思都是人为播种的，两者均为喜阳性树种，但阔叶的大叶相思较之马尾松具有更高的生产力，林下未见马尾松的小苗，反而易见相思树属（*Acacia* spp.）幼苗，说明群丛中马尾松的更新受阻，群丛地位逐渐降低。并且群丛内出现壳斗科鹅蒾锥的幼树，说明其群丛正在从针阔混交林向阔叶林转化，群丛内生物多样性较高，灌草种类较为丰富，进一步说明此群丛具有很高的发展潜力。

1
—
2

1. 马尾松＋大叶相思群丛林下灌木层和草木层
2. 马尾松＋大叶相思群丛群落结构

常绿阔叶林
Evergreen Broad—leaved Forest

阔叶林是主要由阔叶树种组成的森林群落。常绿阔叶林是我国亚热带地区最具代表性的植被类型，其树种丰富，壳斗科、樟科、木兰科和山茶科是其基本的组成成分。在《中国植被》中，常绿阔叶林被分为四种亚型：典型常绿阔叶林、季风常绿阔叶林、山地常绿阔叶苔藓林和山顶苔藓矮曲林，后两种亚型在我国分布较窄。典型常绿阔叶林是中亚热带地区中的地带性代表类型。亚热带常绿阔叶林在我国分布很广，大致分布在北纬 23°~32°，东经 99°~123° 之间的中亚热带地区，即长江以南至福建、广东、广西、云南北部及西藏南部的丘陵山地。分布海拔高度在西部约为 1500~2000m，东部偏低，至海拔 1000m 以下。在南亚热带或北热带常绿阔叶林则是垂直带类型。土壤属于红壤或山地黄壤，分布在 1400m 以上的属于黄棕壤或山地森林棕壤，土壤有机质一般含量较高。季风常绿阔叶林，又称"亚热带雨林"，是我国南亚热带的地带性代表类型，主要分布于台湾的中部、福建戴云山脉和两广南岭山地南侧海拔 500m 以下的丘陵或低谷地、云南的中南部、贵州南部和东喜马拉雅南侧海拔 1000~1500m 的盆地或河谷地区。这一类型在南亚热带地区南部低台地常与季雨林镶嵌分布，而在热带山地则为垂直带上的类型。分布地主要的土壤类型为赤红壤、红壤和灰化红壤，土层深厚，富含有机质。季风常绿阔叶林的组成种类、外貌和结构均有热带林和亚热带林过渡类型的特点（吴征镒，1980）。

南亚热带季风常绿阔叶林是我国热带海岛的地带性植

被（周厚诚 等，1997）。由于各种干扰，原生植被已被破坏殆尽，现仅残存各类次生常绿阔叶林。因地处热带地区，加之岛屿特殊的生境条件影响，森林植被的乔木层高度有偏矮、垂直分布偏低的现象。此外，由于岛屿及沿岸地区风常较大，地质上花岗岩、砂岩较发达等原因，林分组成常较干燥（蓝崇钰 等，2000）。群落优势种以旱生性、阳生性植物为主，如假苹婆（*Sterculia lanceolata*）、红鳞蒲桃（*Syzygium hancei*）、鹅掌柴（*Schefflera octophylla*）、银柴（*Aporosa diocia*）等，物种组成以热带亚热带成分占优，森林结构颇具雨林色彩，常成为该地区植被的顶级群落（张宏达 等，1989）。

中国热带大陆岛常绿阔叶林共有 32 群系 38 群丛。

1. 中国热带大陆岛典型常绿阔叶林

岭南青冈（*Cyclobalanopsis championii*）又名岭南椆，属壳斗科青冈属大乔木，高达 20m，胸径达 1m。产福建、台湾、广东、海南、广西、云南等省区。生于海拔 100～1700m 的森林中。

| 岭南青冈 + 革叶铁榄 + 密花树群丛 | *Cyclobalanopsis championii*+
Sinosideroxylon wightianum+ *Myrsine seguinii* Association

本群丛常见于二洲岛海拔 300m 以下的小山山顶和大万山岛半山腰，代表群丛位于北纬 22°00′17.50″，东经 114°11′21.36″ 处，海拔 253m。地貌为典型的花岗岩裸露地貌，土壤浅黑褐色，表层疏松，土壤 pH6.8，凋落物层厚约 2～4cm，腐殖质层较厚。

群丛外貌深绿色，岭南青冈灰黄色的叶背清晰可见，群丛呈茂密的直立灌丛状态。群丛林冠较整齐，结构简单，物种较丰富，层次不明显，总盖度近100%。群丛可分为两层，第一层高约 3m，分布有岭南青冈和革叶铁榄，其中岭南青冈有 3 株，植株具有 6～8 个分枝，最大分枝直径为 6.5cm，层盖度约40%。第二层高 1～2m，优势种为革叶铁榄（*Sinosideroxylon wightianum*）、密花树、箬竹（*Pseudosasa hindsii*），还伴生有较多的变叶榕、石斑木、簕欓花椒、香港大沙叶等，以及偶见蒲桃属（*Syzygium* sp.）物种、短柄紫珠（*Callicarpa brevipes*）、毛茶（*Antirhea chinensis*）、中华杜英（*Elaeocarpus chinensis*）、野漆、天料木、栀子、鹅掌柴（*Schefflera heptaphylla*）等，层盖度约 75%。地被植物群丛地位弱，土壤表层植物稀少，偶见山菅、芒萁等分布。藤本偶见链珠藤（*Alyxia sinensis*）、粉背菝葜（*Smilax hypoglauca*）、锡叶藤、羊角拗、清香藤（*Jasminum lanceolaria*）、买麻藤（*Gnetum montanum*）等，优势地位不明显。

此群丛在花岗岩地貌的包围下孕育而成，土壤浅黑褐色，母岩风化程度已经极高。壳斗科植物岭南青冈已成为优势种，在群丛的演化过程中发挥巨大的作用。

1. 岭南青冈 + 革叶铁榄 + 密花树群丛群落生境

1. 岭南青冈＋革叶铁榄＋密花树群丛群落外貌

2. 岭南青冈＋革叶铁榄＋密花树群丛群落结构

3. 岭南青冈＋革叶铁榄＋密花树群丛群落结构

| 雷公青冈群系 | *Cyclobalanopsis hui* Formation

雷公青冈（*Cyclobalanopsis hui*）别名胡氏栎，为壳斗科青冈属乔木，高可达 15m。产湖南、广东、广西等省区。生于海拔 250~1200m 的山地杂木林或湿润密林中。

| 雷公青冈 + 粗毛野桐群丛 | *Cyclobalanopsis hui+ Hancea hookeriana* Association

本群丛常见于中国热带海岛海拔 100~300m 流石滩石碓山谷旁，代表群丛位于二洲岛，北纬 22°00′30.35″，东经 114°12′36.18″，海拔 140m。坡度平缓，约 20°，坡向向西，土壤浅黑褐色，凋落物层厚约 3cm，腐殖质层薄，土壤 pH 6.9，20m×20m 群丛总盖度 100%。

群丛整体为小乔木林，外貌黄绿色、黄色、深绿色皆有，雷公青冈嫩叶黄色进而变为黄绿色。内膛密集，结构简单，层次不明显。乔木层高 4～4.5m，优势种为雷公青冈、密花树（Myrsine seguinii）、革叶铁榄，此外散布有较多的毛茶、岭南山竹子（Garcinia oblongifolia）、粘木（Ixonanthes reticulata）、变叶榕、小果柿（Diospyros vaccinioides）、竹节树等，偶见罗汉松（Podocarpus macrophyllus）、白桂木（Artocarpus hypargyreus）、红鳞蒲桃、狗骨柴（Diplospora dubia）、山杜英（Elaeocarpus sylvestris）等分布，层盖度约95%。灌木层与乔木层界限不明晰，高 2～3m，生长密集，平均胸径 0.5cm，优势种为粗毛野桐（Hancea hookeriana），散生较多的簕欓花椒、小果柿、革叶铁榄、红鳞蒲桃等。地被植物几无，偶见山麦冬（Liriope spicata）、天门冬（Asparagus cochinchinensis）、唇柱苣苔（Chirita sinensis）和少量蕨类植物分布。藤本覆盖面积较大，优势种为清香藤和寄生藤，另有土茯苓、羊角拗、链珠藤、粉背菝葜等。

　　群丛样方中有四种保护植物，白桂木、粘木、毛茶和罗汉松。由于立木密度太大，竞争激烈，以雷公青冈、革叶铁榄为优势种主导群丛的发展方向，优胜劣汰，因此许多阳生物种逐渐消失。

二洲岛上的雷公青冈 + 粗毛野桐群丛 400m² 样地立木表

物种中文名	学名	株数	相对多度	相对频度	相对显著度	重要值	生活型
密花树	Myrsine seguinii	24	13.48	12.39	94.00	119.87	大灌木或小乔木
雷公青冈	Cyclobalanopsis hui	51	28.65	14.16	3.48	46.29	常绿乔木
红鳞蒲桃	Syzygium hancei	12	6.74	8.85	0.26	15.85	灌木至小乔木
竹节树	Carallia brachiata	10	5.62	7.08	0.12	12.82	乔木
毛茶	Antirhea chinensis	9	5.06	6.19	0.13	11.38	直立灌木
小果柿	Diospyros vaccinioides	5	2.81	3.54	0.02	6.37	多枝常绿矮灌木
山杜英	Elaeocarpus sylvestris	4	2.25	2.65	0.08	4.98	小乔木
狗骨柴	Diplospora dubia	4	2.25	2.65	0.07	4.97	灌木或乔木
革叶铁榄	Sinosideroxylon wightianum	4	2.25	2.65	0.07	4.97	乔木
岭南山竹子	Garcinia oblongifolia	3	1.69	1.77	0.31	3.76	常绿乔木或灌木
粘木	Ixonanthes reticulata	3	1.69	1.77	0.22	3.67	灌木或乔木
变叶榕	Ficus variolosa	3	1.69	1.77	0.01	3.47	常绿灌木或小乔木
香港大沙叶	Pavetta hongkongensis	2	1.12	1.77	0.06	2.95	灌木或小乔木
长花厚壳树	Ehretia longiflora	2	1.12	1.77	0.05	2.94	乔木
山油柑	Acronychia pedunculata	2	1.12	1.77	0.04	2.93	常绿小乔木或灌木
粗毛野桐	Hancea hookeriana	2	1.12	1.77	0.03	2.93	灌木或小乔木
石斑木	Rhaphiolepis indica	2	1.12	1.77	0.02	2.92	常绿灌木
白桂木	Artocarpus hypargyreus	2	1.12	1.77	0.02	2.92	常绿乔木
野漆	Toxicodendron succedaneum	1	0.56	0.88	0.03	1.47	落叶乔木或小乔木
米碎花	Eurya chinensis	1	0.56	0.88	0.02	1.47	灌木
鹅掌柴	Schefflera heptaphylla	1	0.56	0.88	0.02	1.47	乔木或灌木
豺皮樟	Litsea rotundifolia var. oblongifolia	1	0.56	0.88	0.01	1.46	常绿灌木或小乔木
软荚红豆	Ormosia semicastrata	1	0.56	0.88	0.01	1.46	常绿乔木
罗汉松	Podocarpus macrophyllus	1	0.56	0.88	0.01	1.46	常绿乔木
天料木	Homalium cochinchinense	1	0.56	0.88	0.01	1.46	小乔木或灌木
虎皮楠	Daphniphyllum oldhamii	1	0.56	0.88	0.01	1.46	乔木或小乔木
箣柊	Scolopia chinensis	1	0.56	0.88	0.01	1.45	常绿小乔木或灌木
绒毛润楠	Machilus velutina	1	0.56	0.88	0.00	1.45	乔木
金柑	Citrus japonica	1	0.56	0.88	0.00	1.45	小乔木

$\frac{1}{\frac{2\ |\ 3}{4}}$

1. 雷公青冈 + 粗毛野桐群丛群落结构

2. 雷公青冈 + 粗毛野桐群丛林下灌木层

3. 雷公青冈 + 粗毛野桐群丛林下草本层

4. 雷公青冈 + 粗毛野桐群丛层间藤本

烟斗柯（*Lithocarpus corneus*）俗名烟斗子，属壳斗科柯属乔木，高通常不超过 15m。分布于我国台湾、福建、湖南、贵州、广西、广东、云南。生于海拔约 1000m 以下山地常绿阔叶林中，阳坡或较干燥地方也常见，为次生林常见树种。

| 烟斗柯 + 华润楠 + 天料木群丛 | *Lithocarpus corneus+ Machilus chinensis+ Homalium cochinchinense* Association

本群丛常见于中国热带海岛海拔 200m 以上的海边背风坡山腰密林，代表群丛位于荷包岛，北纬 21° 51′ 59.26″，东经 113° 08′ 19.25″，海拔 218m。地势较陡，东南坡 45°。碎石散布，土壤浅黑褐色，土质硬实，凋落物层厚达 2.3cm，腐殖质层薄，土壤 pH 6.82。20m × 20m 群丛总盖度约 98%。

群丛外貌深绿色，林冠不齐，结构简单，乔木层与灌木层界限清晰，物种丰富。乔木层高 8～10m，优势种为烟斗柯、华润楠、天料木，还散布有较多红鳞蒲桃、山杜英（*Elaeocarpus sylvestris*）、鹅掌柴、亮叶猴耳环（*Archidendron lucidum*）等，层盖度约 95%。灌木层分两层，层间界限不明显。第一层高 3～4m，以烟斗柯为优势种，较密集分布有银柴、密花树、白楸、簕欓花椒、鹅掌柴、密花山矾（*Symplocos congesta*）、粗叶榕、五味子（*Schisandra* sp.）等；第二层高 1～2m，散生 6 株罗汉松小苗，白花苦灯笼（*Tarenna mollissima*）数量相对较多，还稀疏分布有九节、变叶榕、竹节树、鼠刺（*Itea chinensis*）、白背算盘子（*Glochidion wrightii*）、狗骨柴、秤星树、毛冬青（*Ilex pubescens*）、绒毛润楠（*Machilus velutina*）等，层盖度约 45%。地被层主要是裸露的地表和凋落物，稀稀疏疏散布有淡竹叶（*Lophatherum gracile*）、山麦冬、山血丹（*Ardisia lindleyana*）、乌毛蕨、扇叶铁线蕨（*Adiantum flabellulatum*）等草本植物。藤本群丛地位不明显，少量海金沙帘垂于林间，少量锡叶藤覆盖于林冠，另偶见有胡颓子（*Elaeagnus* sp.）、黄独（*Dioscorea bulbifera*）、寄生藤、链珠藤、海岛藤（*Gymnanthera oblonga*）、蔓九节、两面针（*Zanthoxylum nitidum*）分布。

此群丛优势种为壳斗科、樟科的一些大乔木，并且有继续扩大其优势地位的趋势，但同时天料木、鹅掌柴、亮叶猴耳环、杜英（*Elaeocarpus* sp.）等长势优秀，推测群丛形态将渐渐趋于稳定。

1.烟斗柯＋华润楠＋天料木群丛林冠层

2.烟斗柯＋华润楠＋天料木群丛群落结构

1. 烟斗柯 + 华润楠 + 天料木群丛灌木层第一层

2. 烟斗柯 + 华润楠 + 天料木群丛灌木层第二层

3. 烟斗柯 + 华润楠 + 天料木群丛草本层

万山栎（*Quercus pseudosetulosa*）为壳斗科栎属常绿小乔木或灌木。雌花于7月开花，坚果翌年8~9月成熟。该种仅分布于广东省珠海市大万山岛，生于海岛开阔石山的山坡溪旁，与其他物种一起组成大万山岛上的常绿阔叶林（Li et al., 2018）。

| 万山栎群丛 | *Quercus pseudosetulosa* Association

本群丛仅分布于大万山岛，代表群丛位于北纬21°56′45.98″，东经113°43′48.66″处，海拔150~300m。群丛为典型的海边石山沟谷常绿阔叶林，地势十分陡峭，地面坑洼不平，数十块花岗岩大石头散落其间。土壤浅黄褐色，表层疏松，腐殖质层和凋落物层均较厚，土壤pH 6.5。群丛总盖度近100%。

群丛外貌深绿色，林冠不整齐。群丛结构复杂，物种丰富，层次明显，郁闭度达96%。乔木层高3~4m，以万山栎为优势。万山栎高4m，树冠庞大，分枝极多，种盖度30%。毛果青冈（*Cyclobalanopsis pachyloma*）、野漆、华南青皮木（*Schoepfia chinensis*）、豺皮樟、粗毛野桐、榕叶冬青（*Ilex ficoidea*）、新木姜子（*Neolitsea aurata*）、红鳞蒲桃（*Syzygium hancei*）、变叶榕等亦有分

1 | 2

1. 中国热带大陆性岛屿—大万山岛上的万山栎群丛群落生境
2. 中国热带大陆性岛屿—大万山岛上的万山栎群丛群落结构

布。灌木层平均高度 1.5m，物种丰富，以九节、山油柑为主，朱砂根、桃金娘、光叶海桐（*Pittosporum glabratum*）、白花苦灯笼（*Tarenna mollissima*）、越南叶下珠、五月茶、簕欓花椒、黑面神、小果柿（*Diospyros vaccinioides*）等密集分布，星散分布有野漆幼苗。林下草本成丛生长，以长叶肾蕨（*Nephrolepis biserrata*）、芒萁、薹草（*Carex* sp.）、淡竹叶、五节芒为主。藤本发达，蔓九节、清香藤、杖藤（*Calamus rhabdocladus*）、夜花藤、链珠藤、小叶红叶藤、酸藤子、锡叶藤、寄生藤等在林间及林缘交错纵横。

此群丛建群种为壳斗科的万山栎、毛果青冈以及樟科的豺皮樟，为典型的南亚热带海岛常绿阔叶林。其中万山栎是仅分布于该岛上的特有种，种群数量极少，仅 40 余株，其种群动态变化应予重点关注。

1
—
2

1. 中国热带大陆性岛屿——大万山岛上的万山栎群丛灌木层
2. 中国热带大陆性岛屿——大万山岛上的万山栎群丛中的万山栎

$\frac{1}{\frac{2}{3}}$

1. 中国热带大陆性岛屿——大万山岛上的万山栎群丛中的野漆
2. 中国热带大陆性岛屿——大万山岛上的万山栎群丛落外貌
3. 万山栎的果枝

| 华润楠群系 | *Machilus chinensis* Formation

华润楠（*Machilus chinensis*）亦称荔枝槁、八角机、黄槁、桢楠，属樟科润楠属常绿乔木，高约 8～11m，该种树冠广伞形，分枝多，叶密，色翠绿，干直，速生，为良好园林风景树和生态公益林树种。产于广东、广西。生于山坡阔叶混交疏林或矮林中。

| 华润楠 + 假苹婆群丛 | *Machilus chinensis* + *Sterculia lanceolata* Association

本群丛常见于万山群岛海拔 100～200m 的山地，代表群丛位于担杆岛担杆尾老南油附近，北纬 22° 01′ 38.61″，东经 114° 13′ 43.87″，海拔 190m。地势较平，土壤黑褐色，pH 6.43，凋落物层较厚，腐殖质层较薄。

群丛外貌淡绿色到暗绿色，群丛路缘部分华润楠展叶开花呈黄绿色，群丛整体林冠不齐，仅路缘华润楠部分林冠较平。群丛结构复杂，物种较丰富，层次明显，郁闭度约 95%。乔木层层次明显，分为两层，第一层高 7～8m，华润楠为优势种，最大胸径 20cm，最高 9m。亦有少量鹅掌柴、银柴和假苹婆分布，层盖度 70% 以上。第二层高 5～6m，以假苹婆（*Sterculia lanceolata*）和银柴为主，白楸和簕欓花椒有少量分布，层盖度达 40%。灌木层发达，平均高

1. 中国热带大陆岛上的华润楠群系——华润楠 + 假苹婆群丛

度1.5m，树种丰富，以腺叶桂樱（*Laurocerasus phaeosticta*）为主，还密集分布有台湾榕（*Ficus formosana*）、银柴、牛耳枫（*Daphniphyllum calycinum*）、九节、红鳞蒲桃、山蒲桃（*Syzygium levinei*）、狗骨柴、红叶藤（*Rourea minor*）、竹节树、珍珠茅（*Scleria* sp.）等物种，此外有白桂木、小叶红叶藤、罗伞树（*Ardisia quinquegona*）分布，层盖度80%以上。地被层稀疏，以蕨类为主，同时有较多的托竹分布，还有一些华润楠、腺叶桂樱、牛耳枫、草珊瑚（*Sarcandra glabra*）、箣柊（*Scolopia chinensis*）的小苗。藤本发达且种类丰富，除最多的省藤（*Calamus* sp.）和买麻藤外，尚有两粤黄檀（*Dalbergia benthamii*）、藤金合欢（*Acacia concinna*）、土茯苓、乌蔹莓（*Cayratia japonica*）、两面针、阔叶猕猴桃（*Actinidia latifolia*）、锡叶藤、忍冬（*Lonicera japonica*）及夜花藤（*Hypserpa nitida*）等，覆盖面积大，层盖度可达45%。

该群丛的建群种华润楠植株高大，长势很好，华润楠花量丰富。并且黄桐（*Endospermum chinense*）、鹅掌柴、银柴、竹节树、九节、腺叶桂樱等树种分布较多，占一定优势地位。

1. 华润楠＋假苹婆群丛群落生境
2. 华润楠＋假苹婆群丛群落外貌

物种中文名	学名	株数	相对多度	相对频度	相对显著度	重要值	生活型
华润楠	*Machilus chinensis*	10	20.83	22.73	77.71	121.27	常绿乔木
腺叶桂樱	*Laurocerasus phaeosticta*	6	12.50	13.64	4.31	30.45	常绿乔木
鹅掌柴	*Schefflera heptaphylla*	7	14.58	9.09	5.26	28.94	常绿乔木或灌木
假苹婆	*Sterculia lanceolata*	5	10.42	9.09	1.07	20.58	常绿乔木或小乔木
银柴	*Aporosa dioica*	3	6.25	6.82	2.97	16.04	常绿乔木
竹节树	*Carallia brachiata*	3	6.25	6.82	1.32	14.39	常绿灌木或小乔木
亮叶猴耳环	*Archidendron lucidum*	2	4.17	4.55	0.20	8.91	常绿乔木
九节	*Psychotria asiatica*	2	4.17	4.55	0.17	8.88	常绿灌木
红枝蒲桃	*Syzygium rehderianum*	1	2.08	2.27	1.81	6.17	常绿灌木或小乔木
簕欓花椒	*Zanthoxylum avicennae*	1	2.08	2.27	1.57	5.92	常绿乔木或灌木
笔管榕	*Ficus subpisocarpa*	1	2.08	2.27	1.09	5.44	落叶或半落叶乔木
白楸	*Mallotus paniculatus*	1	2.08	2.27	0.73	5.08	常绿乔木
箣柊	*Scolopia chinensis*	1	2.08	2.27	0.65	5.00	常绿乔木
野漆	*Toxicodendron succedaneum*	1	2.08	2.27	0.60	4.96	落叶乔木或小乔木
秤星树	*Ilex asprella*	1	2.08	2.27	0.27	4.62	落叶灌木
天料木	*Homalium cochinchinense*	1	2.08	2.27	0.18	4.54	小乔木或灌木
狗骨柴	*Diplospora dubia*	1	2.08	2.27	0.08	4.44	常绿灌木或乔木
白桂木	*Artocarpus hypargyreus*	1	2.08	2.27	0.00	4.36	常绿乔木

1. 华润楠＋假苹婆群丛群落结构

| 华润楠 + 老鼠矢 + 台湾相思群丛 | *Machilus chinensis+ Symplocos stellaris+ Acacia confusa* Association

本群丛常见于荷包岛海拔 50m 以下的海边山坡密林，代表群丛位于蝴蝶谷，北纬 22° 24′ 44.82″，东经 113° 38′ 54.28″，海拔 21m。地势较平，土层硬实。土壤黄褐色，表层有浅黑色的腐殖质层，凋落物层厚，约 1.5cm，土壤 pH 6.8。20m × 20m 群丛总盖度约 96%。

群丛外貌暗黄绿色到深绿色，林冠不齐，乔木枝下高较高，内膛立木密度大，但藤本极少，结构简单，层次明显，物种丰富。乔木层高 7~8.5m，优势种为华润楠、老鼠矢（*Symplocos stellaris*）、台湾相思，散生罗浮柿（*Diospyros morrisiana*）、鹅掌柴、山乌桕、银柴、假苹婆等，层盖度约 90%。灌木层第一层高 3~4m，立木较密集，分布有簕欓花椒、山乌桕、白楸、米碎花、密花树、红鳞蒲桃、九节、虎皮楠（*Daphniphyllum oldhamii*）等，层盖度约 35%。灌木层第二层高 1~2m，优势种为九节，散布有假苹婆、秤星树、桃金娘、密花树、粗叶榕、毛菍（*Melastoma sanguineum*）、竹节树、豺皮樟、假鹰爪（*Desmos chinensis*）等。地被层呈区域密集现象，主要植物为芒萁和乌毛蕨，高约 0.5~2m，另散生一定数量的白花地胆草（*Elephantopus tomentosus*）、草珊瑚、野牡丹、淡竹叶、八角枫（*Alangium chinense*）幼苗、朱砂根（*Ardisia crenata*）、草豆蔻（*Alpinia hainanensis*）等，层盖度约 40%。藤本种类较多而数量较少，有轮环藤（*Cyclea racemosa*）、玉叶金花（*Mussaenda* sp.）、娃儿藤（*Tylophora ovata*）、中华青牛胆（*Tinospora sinensis*）、锈毛莓（*Rubus reflexus*）、寄生藤、胡颓子（*Elaeagnus* sp.）、清香藤、海金沙、乌敛莓、蔓九节、木防己（*Cocculus orbiculatus*）、匙羹藤（*Gymnema sylvestre*）等。

此群丛物种丰富，内膛结构趋向稳定，樟科、山矾（*Symplocos* sp.）大乔木占优势地位，藤本地位弱，进化程度较高。

1. 华润楠 + 老鼠矢 + 台湾相思群丛群落外貌

荷包岛蝴蝶谷华润楠 + 老鼠矢 + 台湾相思群丛 400m² 样地立木表

物种中文名	学名	株数	相对多度	相对频度	相对显著度	重要值	生活型
华润楠	*Machilus chinensis*	19	14.84	14.29	19.90	49.03	乔木
老鼠矢	*Symplocos stellaris*	11	8.59	8.57	12.98	30.15	常绿乔木
台湾相思	*Acacia confusa*	5	3.91	3.81	17.03	24.75	常绿乔木
鹅掌柴	*Schefflera heptaphylla*	7	5.47	4.76	13.52	23.75	乔木或灌木
九节	*Psychotria asiatica*	9	7.03	6.67	1.54	15.24	常绿灌木或小乔木
豺皮樟	*Litsea rotundifolia* var. *oblongifolia*	8	6.25	5.71	2.09	14.06	常绿灌木或小乔木
米碎花	*Eurya chinensis*	7	5.47	4.76	2.85	13.08	灌木
白楸	*Mallotus paniculatus*	6	4.69	4.76	3.09	12.54	乔木或灌木
石斑木	*Rhaphiolepis indica*	6	4.69	3.81	2.78	11.28	常绿灌木
簕欓花椒	*Zanthoxylum avicennae*	6	4.69	3.81	2.42	10.92	落叶乔木
野漆	*Toxicodendron succedaneum*	3	2.34	2.86	3.94	9.14	落叶乔木或小乔木
密花树	*Myrsine seguinii*	4	3.13	2.86	2.88	8.86	大灌木或小乔木
箣柊	*Scolopia chinensis*	3	2.34	2.86	1.67	6.87	常绿小乔木或灌木
栀子	*Gardenia jasminoides*	3	2.34	2.86	0.28	5.48	常绿灌木
罗浮柿	*Diospyros morrisiana*	2	1.56	1.90	1.97	5.44	乔木或小乔木
红鳞蒲桃	*Syzygium hancei*	2	1.56	1.90	1.44	4.91	灌木至小乔木
虎皮楠	*Daphniphyllum oldhamii*	3	2.34	1.90	0.58	4.83	乔木或小乔木
山乌桕	*Triadica cochinchinensis*	2	1.56	1.90	1.04	4.51	落叶乔大或灌木
山杜英	*Elaeocarpus sylvestris*	2	1.56	1.90	0.72	4.19	小乔木
银柴	*Aporosa dioica*	2	1.56	1.90	0.46	3.93	乔木
五月茶	*Antidesma bunius*	2	1.56	1.90	0.11	3.58	常绿乔木
假桂乌口树	*Tarenna attenuata*	1	0.78	0.95	0.25	1.98	灌木或乔木
狗骨柴	*Diplospora dubia*	1	0.78	0.95	0.13	1.86	灌木或乔木
竹节树	*Carallia brachiata*	1	0.78	0.95	0.08	1.81	乔木
假鹰爪	*Desmos chinensis*	1	0.78	0.95	0.05	1.78	直立或攀援灌木
山蒲桃	*Syzygium levinei*	1	0.78	0.95	0.05	1.78	常绿乔木

$\dfrac{1}{2\ |\ 3}$　1.华润楠＋老鼠矢＋台湾相思群丛群落结构

2.华润楠＋老鼠矢＋台湾相思群丛草本层

3.华润楠＋老鼠矢＋台湾相思群丛灌木层

樟（*Cinnamomum camphora*）又名油樟、樟木，是樟科樟属阔叶大乔木，高可达 30m，直径可达 3m，树形雄伟壮观，四季常绿，树冠开展，枝叶繁茂，秀丽而具香气，是作为行道树、庭荫树、风景林、防风林和隔音林带的优良树种。主要分布于长江以南，尤以台湾、福建、江西、湖南、四川等地较多。

| 樟 + 台湾相思群丛 | *Cinnamomum camphora+ Acacia confusa*
Association

本群丛常见于担杆岛临海石山的山脚密林，代表群丛位于担杆岛担杆中，北纬 22°02′31.08″，东经 114°15′11.42″ 处，海拔 61m。地势平坦，土壤黄褐色，pH 为 6.6，凋落物层厚约 0.5cm，腐殖质层较薄。

群丛外貌深绿色，台湾相思春夏季开黄色花，群丛立木较密集，结构较复杂，物种丰富，层次明显，总盖度约 90%。乔木层分三层，第一层高 10～12m，优势树种为樟和台湾相思，层盖度约 65%。第二层高 8～10m，优势种为假苹婆、潺槁树和鹅掌柴，此外有较少的鱼骨木（*Psydrax dicocca*）、菊柊、红鳞蒲桃、

1. 樟 + 台湾相思群丛群落外貌

山蒲桃、白桂木、白楸、簕欓花椒分布，层盖度约 40%。第三层层高 5~6m。灌木层九节占绝对优势，数量极多，频度达 100%，平均高度 2m，平均胸径 2.5cm，层盖度 70% 以上。地被层植物稀疏，主要是植物凋落的叶子，未见明显的地被覆盖植物。藤本以苍白秤钩风（*Diploclisia glaucescens*）占优势地位，苍白秤钩风穿梭于林间，藤径较大，最大为 5cm。此外紫玉盘（*Uvaria macrophylla*）覆盖在林冠上，并有较少的清风藤（*Sabia japonica*）、羊角拗和土茯苓。

该群丛有数株高大的樟和台湾相思，内腔较为空虚，藤本逐渐衰退，木本植物种类较多处于绝对优势地位。群丛发展潜力较大。

1 1.樟＋台湾相思群丛群落结构

2 2.樟＋台湾相思群丛灌木层

木麻黄（*Casuarina equisetifolia*）俗名驳骨树，为木麻黄科木麻黄属常绿大乔木，树干通直，树形优美，高可达 30m，树冠狭长圆锥形。球果状果序椭圆形，花期 4—5 月，果期 7—10 月。原产澳大利亚和太平洋岛屿，现广西、广东、福建、台湾沿海地区普遍栽植，已渐归化。

本种生长迅速，萌芽力强，对立地条件要求不高，由于它的根系深广，具有耐干旱、抗风沙和耐盐碱的特性，因此成为热带海岸防风固沙的优良先锋树种。我国热带大陆性岛屿上的木麻黄群系包括两个群丛：木麻黄 + 台湾相思群丛（*Casuarina equisetifolia*+ *Acacia confusa* Association）和木麻黄群丛（*Casuarina equisetifolia* Association）。我国热带珊瑚岛与热带火山岛上也分布有木麻黄群系，与我国热带大陆性岛屿上的木麻黄群系相似，其建群种均为人工栽培的木麻黄，林冠不整齐，受人为干扰较大。所不同的是，大陆岛上的木麻黄群系，其群落结构更加复杂，物种更为丰富，具藤本植物。而珊瑚岛和火山岛上的木麻黄群系群落结构简单，物种多样性很低。

| 木麻黄 + 台湾相思群丛 | *Casuarina equisetifolia*+ *Acacia confusa* Association

本群丛常见于担杆岛海拔 100~200m 的湿地周围阳光充足处，代表群丛位于担杆岛南畔天附近，北纬 22° 01′ 06.41″，东经 114° 15′ 06.45″，海拔 172m。土壤橙红色，含砂量较大，pH 4.2，凋落物层和腐殖质层较厚。

群丛外貌深绿到暗绿色，群丛林冠不齐，起伏较大，植物生长密集，结构复杂，层次明显，物种不丰富，郁闭度接近 100%。乔木层可分为两层，第一层与第二层高度相差 1~2m。第一层高 8~10m，主要树种为木麻黄，此层未见其他树种，木麻黄最大胸径 24cm，最高 10m，层盖度达 20%。第二层高 6~7m，优势种为台湾相思，珊瑚树（*Viburnum odoratissimum*）、鹅掌柴有少量分布，层盖度 35% 左右。灌木层发达，平均高度 3m，优势种为米碎花，鹅掌柴、台湾相思、虎皮楠、箣柊、毛茶也有一定数量，灌木生长极其密集，层盖度达 95%。地被层物种稀少，主要在群丛外缘见少量鸭嘴花（*Justicia adhatoda*）和弓果黍（*Cyrtococcum patens*）分布，林下草本以芒萁为主，层盖度约 60%。

1. 木麻黄 + 台湾相思群丛群落生境

藤本较少，主要有寄生藤、羊角藤（*Morinda umbellata* subsp. *obovata*），另外海金沙、锡叶藤、美丽鸡血藤（*Callerya speciosa*）有少量分布。

1
2	3

1. 木麻黄＋台湾相思群丛群落外貌
2. 木麻黄＋台湾相思群丛灌木层
3. 木麻黄＋台湾相思群丛草本层

本群丛常见于中国热带海岛海岸边，代表群丛位于汕头南澳岛，北纬23°26′33.42″，东经116°57′24.02″，海拔8m。群丛位于海边沙地之上，地势平坦，土壤为浅黄色砂质土，枯落层厚度约1.5cm，腐殖质几无。群丛总盖度约66%。

群丛外貌呈绿色，缀以木麻黄枝头的浅黄绿色嫩枝。群丛林冠不齐，物种生长稀疏，结构简单，物种较为丰富。乔木层高8~13m，仅有木麻黄一种，层盖度约60%。地被层灌木和草本分层极不明显，银合欢（*Leucaena leucocephala*）极多，为灌木中的优势种，其次为蓖麻（*Ricinus communis*）、鸦胆子（*Brucea javanica*）和苦楝（*Melia azedarach*），偶见雀梅藤（*Sageretia thea*）、车桑子（*Dodonaea viscosa*）和潺槁树（*Litsea glutinosa*）等。草本主要是龙爪茅（*Dactyloctenium aegyptium*），零星分布有毛刺蒴麻（*Triumfetta cana*）、叶下珠（*Phyllanthus urinaria*）、心叶黄花稔（*Sida cordifolia*）、马缨丹（*Lantana camara*）、牛筋草（*Eleusine indica*）、少花龙葵（*Solanum americanum*）、假臭草（*Praxelis clematidea*）、甜麻（*Corchorus aestuans*）、苦蘵（*Physalis angulata*）、白花蛇舌草（*Hedyotis diffusa*）、长梗黄花稔（*Sida cordata*）、硬毛木蓝（*Indigofera hirsuta*）、蛇婆子（*Waltheria indica*）、鲫鱼草（*Eragrostis tenella*）、短叶黍（*Panicum brevifolium*）、链荚豆（*Alysicarpus vaginalis*）、毛马齿苋（*Portulaca pilosa*）、含羞草（*Mimosa pudica*）、白背黄花稔（*Sida rhombifolia*）和酢浆草（*Oxalis corniculata*）等，层盖度约25%。藤本植物极少见，仅见有少量厚藤（*Ipomoea pes-caprae*）和三裂叶薯（*Ipomoea triloba*）。

群丛西边为工业开发区，东边为岛上公路所在，植被受人为影响较大。群丛中的木麻黄被人工修剪的痕迹明显，林下通透，采光极好，银合欢和苦楝等喜阳性物种小苗数量巨大，加之群丛内木麻黄龄级较大，有被其他阔叶树种取代的趋势。林下草本种类较多，与频繁的人为干扰不无关系。

1. 木麻黄群丛群落生境

1. 木麻黄群丛群落外貌
2. 木麻黄群丛群落外貌
3. 木麻黄群丛群落结构
4. 木麻黄群丛俯瞰图

$\dfrac{1}{2\ \vert\ \dfrac{3}{4}}$

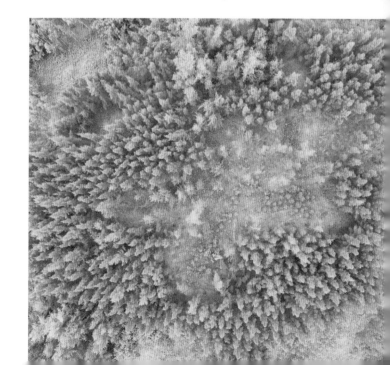

| 山杜英群系 | *Elaeocarpus sylvestris* Formation

山杜英（*Elaeocarpus sylvestris*）又名羊屎树、羊仔树，为杜英科杜英属小乔木，高达 10m。产于广东、海南、广西、福建、浙江、江西、湖南、贵州、四川及云南。生于海拔 200～2000m 的常绿阔叶林中。

| 山杜英＋鹅掌柴群丛 | *Elaeocarpus sylvestris+ Schefflera heptaphylla* Association

本本群丛常见于担杆岛海拔 200～250m 路旁，代表群丛位于担杆岛，北纬 22°02′51.13″，东经 114°16′38.74″处，海拔 213m。地势较陡，北坡 45°，土层较硬，土壤橙黄色，pH 为 6.8，凋落物层厚约 1.5cm，腐殖质层较薄。

群丛外貌浅绿色到深绿色，群丛结构复杂，物种较丰富，层次明显，总盖度约 97%。乔木层分为明显的两层，层盖度约 70%。第一层高 10～12m，优势种是山杜英，山杜英树体庞大，最高达 12m。另有小果山龙眼（*Helicia cochinchinensis*），树干笔直，高达 12m，最大胸径 19.8cm。第二层高 6～8m，优势种为鹅掌柴和假苹婆，分布有一两株成熟的乔木冬青（*Ilex* sp.）、山香圆（*Turpinia montana*）、珊瑚树、罗伞树、毛冬青（*Ilex pubescens*），层盖度 60% 以上。灌木层密集，高 0.5～1m，地被层密集，蕨类为优势种，草珊瑚亦丰富，层盖度可达 45%。藤本占一定优势地位，种类不多但植株庞大，以黑老虎（*Kadsura coccinea*）为优势种，其藤干胸径较大，盖度约 25%。

该群丛处于密林深处，林下阴暗。银柴、豺皮樟、毛茶等长势极好，山矾（*Symplocos* sp.）发展势头较强，群丛处于不断发展之中。

1. 山杜英＋鹅掌柴群丛群落外貌
1 | 2　2. 山杜英＋鹅掌柴群丛林冠层

1. 山杜英＋鹅掌柴群丛群落结构

2. 山杜英＋鹅掌柴群丛林下草本层

3. 山杜英＋鹅掌柴群丛层间藤本

山油柑（*Acronychia pedunculata*）俗名降真香，为芸香科山油柑属常绿大乔木，高 5~15m，产台湾、福建、广东、海南、广西、云南六省区南部。生于较低丘陵坡地杂木林中，为次生林常见树种之一，有时成小片纯林，在海南可分布至海拔 900m 山地茂密常绿阔叶林中。该树为我国华南热带、南亚热带多用途的常绿阔叶树种，树干端直，树冠伞形而枝叶浓密，可作为城市园林风景树、水源涵养树、蜜源植物加以利用。

| 山油柑 + 箣柊群丛 | *Acronychia pedunculata+ Scolopia chinensis* Association

本群丛常见于担杆岛海拔 100~200m 的地势平坦土壤肥沃处，代表群丛位于担杆岛，北纬 22° 02′ 06.95″，东经 114° 15′ 08.32″ 处，海拔 172m，地势较平。土壤深黑色，pH 6.3，凋落物层较薄，腐殖质层较厚。

群丛外貌深绿色，高度较齐，总覆盖度 90% 左右。结构简单，以乔木层为主，内膛空虚，灌木层和地被层简单。群丛物种较丰富，层次不明显，乔木层第一层高 5~6m，优势种是山油柑，频度可达 100%。其次是鹅掌柴和假苹婆，另有少量的毛茶、软荚红豆（*Ormosia semicastrata*）、天料木（*Homalium cochinchinense*）、红鳞蒲桃、豺皮樟、革叶铁榄、箣柊、鹅掌柴和多花山竹子（*Garcinia multiflora*）分布。此层植物高度较齐，层盖度达 85%。灌木层不明显，平均高度 1.2m，以九节、小果柿（*Diospyros vaccinioides*）为主，另有少量的箣柊、狗骨柴、鹅掌柴、台湾榕分布，灌木层覆盖度约 15%。地被层有少量的山麦冬、天门冬，另有鹅掌柴、九节的一些小苗，层盖度约 3%。藤本亦较简单，清香藤、藤金合欢、土茯苓、锡叶藤等稀稀疏疏攀爬于群丛内膛间。

该群丛结构简单，是以山油柑为主的小乔木常绿阔叶群丛，灌木层和地被层不明显，乔木层较为发达。土壤肥沃，水源较充足，豺皮樟、革叶铁榄、山油柑和毛茶等生长均较好，高度达 5m。

1. 山油柑 + 箣柊群丛群落生境

$\dfrac{1}{2}$ 1. 山油柑＋箣柊群丛群落外貌

$\phantom{\dfrac{1}{2}}$ 2. 山油柑＋箣柊群丛群落结构

 3. 山油柑＋箣柊群丛层间藤本

| 山油柑 + 密花树 + 马尾松群丛 | *Acronychia pedunculata+ Myrsine seguinii + Pinus massoniana* Association

　　本群丛常见于广东汕头南澳岛，代表群丛位于叠石岩景点的山顶处，北纬23°25′52.31″，东经117°5′40.26″，海拔400m，为岛上海拔较高的山地，坡向朝东，坡度较陡，约28°。土壤棕褐色，枯落物层较厚，腐殖质层较薄。

　　群丛外貌呈深绿色和黄绿色相间，可见大块裸露灰白色石块，林冠不齐，几株高大的马尾松突出于灌丛之外。群丛结构简单，植物生长密集，总盖度可达100%。第一层乔木层由五棵高大的马尾松组成，平均高度约5m，长势不好，有少量枯梢，可能是由于群丛地处于海拔较高的山坡，加之其独立于茂密的灌丛之外，常年经受强劲的海风摧残而形成。第二层灌木层高约2.5m，植物生长密集，且种类较为丰富，主要是山油柑和密花树，其次为绿冬青（*Ilex viridis*）和油茶，另有竹节树、桃金娘、天料木、箬竹、变叶榕和狗骨柴等，偶见赤楠、鹅掌柴、笔管榕（*Ficus subpisocarpa*）、中华卫矛（*Euonymus nitidus*）、毛冬青、大果冬青（*Ilex macrocarpa*）和圆叶豺皮樟等，层盖度约90%。草本仅在群丛外围见有芒萁和珍珠茅（*Scleria* sp.）等。藤本植物较为发达，美丽鸡血藤大量攀附于林缘灌丛之上，且正值果期，果量巨大，其次为菝葜和蔓九节，偶见夜花藤、酸藤子（*Embelia laeta*）、无根藤、寄生藤、鸡眼藤（*Morinda parvifolia*）和暗色菝葜（*Smilax lanceifolia* var. *opaca*）等。

　　此群丛地处岛东边中部山地，观之周围，并无植被如此发育之地，或因寺庙之故受人为干扰较少而在较长时间内保持原貌。

1. 山油柑 + 密花树 + 马尾松群丛群落生境

1. 山油柑 + 密花树 + 马尾松群丛群落外貌
2. 山油柑 + 密花树 + 马尾松群丛群落结构
3. 山油柑 + 密花树 + 马尾松群丛林下灌木层

| 棟叶吴萸群系 | *Tetradium glabrifolium* Formation

棟叶吴萸（*Tetradium glabrifolium*）别名贼仔树、山漆、臭吴萸、臭辣树，为芸香科吴茱萸属大乔木。产安徽、浙江、湖北、湖南、江西、福建、广东、广西、贵州、四川、云南。生于海拔 600～1500m 山地山谷较湿润地方。在广东北部山区本种常与杜鹃花属（*Rhododendron* sp.）及鼠刺属（*Itea* sp.）植物混生。

| 棟叶吴萸 + 白楸群丛 | *Tetradium glabrifolium+Mallotus paniculatus* Association

本群丛常见于中国热带海岛低海拔山麓密林，代表群丛位于高栏岛，北纬 21°55′52.90″，东经 113°14′18.59″，海拔 22m。地势东南，坡度 30°，地面大小不均的花岗石块散落其间，土壤浅黄褐色，腐殖质层几无，凋落物层光秃或厚 1～2cm，土壤 pH 6.8。

群丛外貌深绿色或灰白色，林冠可见棟叶吴萸的黄绿色花苞。群丛总盖度约 96%，林冠不齐，结构较复杂而立木稀疏，物种丰富，层次分明，具有明显的人工荔枝林痕迹。乔木层高 6～10m，优势种为棟叶吴萸和白楸，这两个物种对林冠外貌影响最大。荔枝（*Litchi chinensis*）、假苹婆、鹅掌柴于群丛也占一定地位，另少见潺槁树和野漆。此层盖度约 88%。灌木层高 4～6m，优势种为豺皮樟和托竹，散生有粗叶榕、九节、假鹰爪、天料木、亮叶猴耳环、越南叶下珠、山油柑等，层盖度约 45%。地被层呈区域密集现象，主要植物为乌毛蕨，高达 1.8m，另散生小果柿幼苗、山菅、淡竹叶等，裸露面积较大，层盖度约 20%。藤本多样，优势种海金沙长势旺盛，成吊屏状，另稀疏分布着夜花藤、藤金合欢、扭肚藤（*Jasminum elongatum*）、小叶红叶藤、菝葜（*Smilax* sp.）、网络崖豆藤（*Callerya reticulata*）、娃儿藤、粪箕笃（*Stephania longa*）等。

此群丛以棟叶吴萸为建群种，虽然人工种植荔枝不可避免影响到群丛的发展演化，但群落依旧物种丰富，结构较为复杂，说明该群丛更新替换的速率非常快。

1. 棟叶吴萸 + 白楸群丛群落外貌

高栏岛上的棟叶吴茱 + 白楸群丛 400m² 样地立木表

物种中文名	学名	株数	相对多度	相对频度	相对显著度	重要值	生活型
棟叶吴茱	Tetradium glabrifolium	8	20.51	21.21	63.96	105.68	常绿乔木
鹅掌柴	Schefflera heptaphylla	6	15.38	15.15	15.51	46.05	乔木或灌木
荔枝	Litchi chinensis	7	17.95	18.18	2.95	39.08	常绿乔木
假苹婆	Sterculia lanceolata	6	15.38	15.15	5.81	36.34	常绿乔木
白楸	Mallotus paniculatus	6	15.38	12.12	4.64	32.14	乔木或灌木
亮叶猴耳环	Archidendron lucidum	2	5.13	6.06	3.20	14.39	乔木
野漆	Toxicodendron succedaneum	1	2.56	3.03	2.39	7.98	落叶乔木或小乔木
箣柊	Scolopia chinensis	1	2.56	3.03	0.95	6.55	常绿小乔木或灌木
米碎花	Eurya chinensis	1	2.56	3.03	0.51	6.10	灌木
豺皮樟	Litsea rotundifolia var. oblongifolia	1	2.56	3.03	0.09	5.69	常绿灌木或小乔木

1 | 2
3 | 4

1. 棟叶吴茱 + 白楸群丛林下灌木层
2. 棟叶吴茱 + 白楸群丛林下灌木层
3. 棟叶吴茱 + 白楸群丛群落结构
4. 棟叶吴茱 + 白楸群丛层间藤本

栓叶安息香（*Styrax suberifolius*）俗名红皮树，狐狸公，为安息香科安息香属常绿乔木，最高可达 20m，胸径达 40cm。树皮粗糙，红褐色或灰褐色。分布于长江流域以南各省区。生长在海拔 100~3000m 山地、丘陵地常绿阔叶林中，属阳性树种。该种木材坚硬，可供家具和器具用材。种子可制肥皂或油漆，根和叶可入药。

| 栓叶安息香 + 台湾相思群丛 | *Styrax suberifolius+ Acacia confusa* Association

本群丛常见于担杆岛海拔 100m 以下的路旁高地，代表群丛位于担杆岛担杆中，北纬 22°02′40.71″，东经 114°15′55.29″ 处，海拔 29m。地势平坦，土壤黑色，pH 3.9，凋落物呈黑色，厚达 1cm，土壤含砂，腐殖质层较薄。

群丛外貌深绿色到暗绿色，林冠不齐，结构较复杂，物种较丰富，层次明显，总盖度约 95%。乔木层分为较为明显的两层，第一层高约 6.5m，优势种为台湾相思。最大的台湾相思有 7 个分枝，分枝平均直径 10cm，最高 6.5m，总盖度 15%。第二层高 5~6m，优势种为栓叶安息香，最大的栓叶安息香分枝 20 个，最大的分枝基径 13.5cm，也分布有较多鹅掌柴、潺槁树、豺皮樟，豺皮樟长势很好，最大胸径达 6.5cm。此外有较少数量的黄牛木（*Cratoxylum cochinchinense*）、米碎花、天料木、野漆、牛耳枫（*Daphniphyllum calycinum*）等，层盖度达 80%。灌木层平均高 1.5m，优势种是九节和腺叶桂樱，亦分布有较多的豺皮樟、竹节树和米碎花，层盖度达 35%。地被层较简单，优势种是蔓九节和曲轴海金沙（*Lygodium flexuosum*），皆匍匐生长。藤本发达，在林间和林冠均有分布，林冠以买麻藤和紫玉盘为主，林间以曲轴海金沙、黑老虎（*Kadsura coccinea*）为主。也有少量的华南忍冬（*Lonicera confusa*）、酸藤子、羊角拗、土茯苓、鸡眼藤、乌蔹莓分布，盖度达 50%。

该群丛内膛复杂，植物枝下高较低，大型藤本缠绕其间，并有较多的豺皮樟枯枝。此群丛的乔木多见分枝庞大的情况，其中豺皮樟长势很好、数量较多，占一定优势地位，但逐渐枯死，表明群丛处于过渡阶段。

1. 栓叶安息香 + 台湾相思群丛群落生境

1
2
3

1. 栓叶安息香 + 台湾相思群丛群落外貌
2. 栓叶安息香 + 台湾相思群丛群落结构
3. 栓叶安息香 + 台湾相思群丛层间藤本

　　水团花（*Adina pilulifera*）又称水杨梅，为茜草科水团花属常绿小乔木或灌木。头状花序腋生，花白色。产于长江以南各省区。生于海拔 200～350m 山谷疏林下或旷野路旁、溪边水畔。该种木材坚硬，可供家具和器具用材，种子可制肥皂或油漆，根和叶可入药。

| 水团花 + 鹅掌柴群丛 | *Adina pilulifera+ Schefflera heptaphylla*
Association

　　本群丛常见于万山群岛山地岩石沟水线旁，代表群丛位于担杆岛担杆中，北纬 22°02′32.39″，东经 114°16′06.78″处，海拔 48m，坡度 30°左右。地表层以大岩石为主，岩石沟外缘的黑色土壤有一定含砂量，土壤 pH 6.4，凋落物层和腐殖质层均较薄。

　　群丛外貌深绿色，立木较稀疏，内膛空虚，平均枝下高 1.8m，结构简单，物种较丰富，层次较明显，总盖度约 95%。乔木层分两层，第一层高 5～6m，水团花极多，最大胸径 9cm，最高 6m，频度接近 80%，其次为鹅掌柴。此外分布有较多潺槁树、猴耳环（*Archidendron clypearia*）和假苹婆，以及少量的华润楠、短序润楠（*Machilus breviflora*）、腺叶桂樱和雅榕，群丛内还见一棵白桂木，层盖度 75% 以上。第二层高 3～4m，无明显优势种，牛耳枫、石斑木（*Rhaphiolepis indica*）、秋枫（*Bischofia javanica*）、箣柊、栀子、腺叶桂樱、山油柑、野漆等点缀其间。灌木层较简单，主要是九节和假苹婆、银柴的幼苗，

1. 水团花 + 鹅掌柴群丛群落生境

偶见竹节树和猴耳环幼苗，层覆盖度约 30%。地被层以坚硬岩石为主，植物稀少，较少的石柑子（*Pothos chinensis*）和石韦（*Pyrrosia lingua*）匍匐生于石头上。藤本占据较大优势，覆盖在林冠上，极大影响着群丛的发展，出现有大型藤本牛眼马钱（*Strychnos angustiflora*）和萝藦（*Metaplexis* sp.），并且紫玉盘、天香藤（*Albizia corniculata*）、拟砚壳花椒（*Zanthoxylum laetum*）、省藤（*Calamus* sp.）皆已经生长至林冠，藤本覆盖度 40% 以上。

该群丛结构较复杂，灌木层和地被层不明显，乔木层较为发达。

1　1. 水团花＋鹅掌柴群丛群落外貌
2　2. 水团花＋鹅掌柴群丛层间藤本

台湾相思（*Acacia confusa*）俗称相思仔，属豆科相思树属常绿乔木，在我国分布于台湾、福建、广东、广西、云南，野生或栽培。该种生长迅速，耐干旱，在土壤冲刷严重的酸性粗骨土、沙质土均能生长，为华南地区荒山造林、水土保持和沿海防护林的重要树种。

中国热带大陆性岛屿上的台湾相思群系包括两个群丛：台湾相思 + 血桐 + 假苹婆群丛（*Acacia confusa*+ *Macaranga tanarius* var. *tomentosa*+ *Sterculia lanceolata* Association）和台湾相思 + 九节 + 假苹婆群丛（*Acacia confusa*+ *Psychotria asiatica*+ *Sterculia lanceolata* Association）。与中国热带火山岛上的台湾相思群系相比，群落结构更加复杂，层次更加明显；层间植物十分丰富，藤本发达；群丛处于快速发展阶段，物种丰富度很高（参见本书第五章）。

| 台湾相思 + 血桐 + 假苹婆群丛 | *Acacia confusa*+ *Macaranga tanarius* var. *tomentosa*+ *Sterculia lanceolata* Association

本群丛常见于担杆岛海拔 100m 以下谷地或岸边渔村旁，代表群丛位于担杆岛担杆中野生动植物亲子教育基地，西面朝海，距渔村约 200m，北纬 22°02′41.50″ 东经 114°15′54.95″。地形为山谷，位于海岸线以上约 200m，坡向为西北方向，坡度约 40°。山上以石头为主，土壤黑色，腐殖质和凋落物层薄。

群丛外貌深绿色，乔木层第二层血桐开绿色花。群丛林冠不齐，生长较稀疏，郁闭度约 95%。群丛结构较复杂，层次明显，乔木层有三层，第一层高 10~12m，优势种为台湾相思，台湾相思最高 12m，胸径最大达 52cm，层盖度达 50%，此外有少量的杂色榕（*Ficus variegata*），层盖度 5%。第二层高 8~10m，优势种为血桐（*Macaranga tanarius* var. *tomentosa*），并有少量的雅榕，层盖度达 45%。血桐最高达 10m，胸径最大达 25cm。第三层高 6~8m，假苹婆为优势种，并有较多的鹅掌柴，层盖度 15%。假苹婆最高 8m，最大胸径达 2.5cm。灌木层以九节为主，并有较多的白楸、假苹婆幼苗，少量的潺槁树、两粤黄檀，层盖度达 20%。草本多为海芋（*Alocasia odora*）和草豆蔻，其中海芋平均高度为 1.5m，密集生长于沟谷以东，而在沟谷以西稀疏生长。藤本有直径达 10cm 的苍白秤钩风（*Diploclisia glaucescens*），乌蔹莓亦生长旺盛，也有青江藤（*Celastrus hindsii*）攀爬于林冠。

此群丛处于发展阶段，血桐和假苹婆逐渐取代台湾相思的地位。血桐数量少而相对高大，假苹婆数量很多但相对矮小。地被层植物种类单一，地面裸露部分较多。

担杆岛担杆中台湾相思 + 血桐 + 假苹婆群丛 400m² 样地立木表

物种中文名	学名	株数	相对多度	相对频度	相对显著度	重要值	生活型
假苹婆	*Sterculia lanceolata*	11	36.67	37.50	7.99	82.16	常绿乔木或小乔木
血桐	*Macaranga tanarius* var. *tomentosa*	5	16.67	16.67	39.20	72.53	常绿乔木
白楸	*Mallotus paniculatus*	5	16.67	12.50	5.19	34.35	常绿乔木
杂色榕	*Ficus variegata*	2	6.67	8.33	19.25	34.25	常绿乔木
细叶榕	*Ficus microcarpa*	1	3.33	4.17	15.53	23.03	常绿乔木
鹅掌柴	*Schefflera heptaphylla*	3	10.00	8.33	1.08	19.41	常绿乔木或灌木
台湾相思	*Acacia confusa*	1	3.33	4.17	11.10	18.60	常绿乔木
水同木	*Ficus fistulosa*	1	3.33	4.17	0.63	8.13	常绿乔木
潺槁木姜子	*Litsea glutinosa*	1	3.33	4.17	0.05	7.55	常绿乔木

1. 台湾相思 + 血桐 + 假苹婆群丛群落外貌

2. 台湾相思 + 血桐 + 假苹婆群丛群落结构

1. 台湾相思＋血桐＋假苹婆群丛林下草本层

2. 台湾相思＋血桐＋假苹婆群丛林下草本层中的海芋和草豆蔻

3. 台湾相思＋血桐＋假苹婆群丛层间藤本

本类型代表群丛位于担杆岛担杆尾岭东头附近路旁，北纬 22°01′34.94″，东经 114°13′14.78″。地势相对平坦，土石相间。土壤浅褐色，腐殖质和凋落物层较厚。

群丛外貌深绿色，林冠不齐，生长密集，郁闭度约 98%。群丛结构复杂，物种较丰富，层次明显。乔木层有三层，第一层高 8～10m，优势种为台湾相思，此外分布有较少的雅榕和华润楠。台湾相思长势良好，胸径最大 40cm，群丛内总共有 12 株台湾相思，平均胸径 25cm，层盖度 80% 以上。第二层高 6～8m，优势种为假苹婆、九节，亦分布有较多的银柴和破布叶（*Microcos paniculata*），散布少量的山蒲桃、白楸等。第三层高 3～4m，以九节为优势，平均胸径 3cm，层盖度约 75%。灌木层以九节为主，另有较少的银柴、苎麻（*Boehmeria nivea*）、白楸，层盖度约 20%。地被层多为海芋、草豆蔻、九节等。此外散生较多的紫玉盘和牛眼马钱幼苗。藤本非常发达，其间粉叶羊蹄甲（*Bauhinia glauca*）盖度 30% 以上，胸径最大达 5.4cm。另外分布有较多的省藤（*Calamus* sp.）、紫玉盘、买麻藤以及少量的海金沙、乌蔹莓和葛藤（*Pueraria montana*），藤本覆盖度达 50%。

此群丛台湾相思依旧占优势地位，但样方内台湾相思均为大乔木而没发现小苗，表明更新受阻。反之九节大量分布，并有较少的白桂木、龙眼、华润楠、银柴等高级树种。藤本发达，覆盖了大片林冠面积，不利于群丛发展。

1 1.台湾相思 + 九节 + 假苹婆群丛群落外貌
2 2.台湾相思 + 九节 + 假苹婆群丛群落结构

担杆岛担杆尾岭东头附近台湾相思 + 九节 + 假苹婆群丛 400m² 样地立木表

物种中文名	学名	株数	相对多度	相对频度	相对显著度	重要值	生活型
九节	*Psychotria asiatica*	153	65.38	18.39	8.16	91.94	常绿灌木
台湾相思	*Acacia confusa*	11	4.70	13.79	63.16	81.66	常绿乔木
假苹婆	*Sterculia lanceolata*	19	8.12	14.94	4.79	27.85	常绿乔木或小乔木
破布叶	*Microcos paniculata*	8	3.42	10.34	4.74	18.51	常绿乔木或小乔木
细叶榕	*Ficus microcarpa*	1	0.43	1.15	12.26	13.84	常绿乔木
银柴	*Aporosa dioica*	12	5.13	4.60	1.26	10.99	常绿乔木
栀子	*Gardenia jasminoides*	10	4.27	5.75	0.84	10.86	常绿灌木
紫玉盘	*Uvaria macrophylla*	2	0.85	3.45	0.12	4.42	常绿攀援状灌木
鹅掌柴	*Schefflera heptaphylla*	2	0.85	3.45	0.10	4.41	常绿乔木或灌木
白楸	*Mallotus paniculatus*	1	0.43	1.15	1.86	3.44	常绿乔木
假鹰爪	*Desmos chinensis*	2	0.85	2.30	0.12	3.27	常绿攀援状灌木
白桂木	*Artocarpus hypargyreus*	1	0.43	1.15	0.38	1.96	常绿乔木
华润楠	*Machilus chinensis*	1	0.43	1.15	0.36	1.93	常绿乔木
狗骨柴	*Diplospora dubia*	1	0.43	1.15	0.11	1.68	常绿灌木或乔木
牛耳枫	*Daphniphyllum calycinum*	1	0.43	1.15	0.08	1.66	常绿灌木
秤星树	*Ilex asprella*	1	0.43	1.15	0.07	1.65	落叶灌木
龙眼	*Dimocarpus longan*	1	0.43	1.15	0.03	1.61	常绿乔木
山蒲桃	*Syzygium levinei*	1	0.43	1.15	0.03	1.61	常绿乔或小乔木

1. 台湾相思 + 九节 + 假苹婆群丛地被层

<u>1</u>
<u>2</u>
1. 台湾相思 + 九节 + 假苹婆群丛林冠上攀附的大型藤本—粉叶羊蹄甲
2. 台湾相思 + 九节 + 假苹婆群丛层间藤本

腺叶桂樱（*Laurocerasus phaeosticta*）是蔷薇科桂樱属常绿小乔木或灌木，产湖南、江西、浙江、福建、台湾、广东、广西、贵州、云南。生于海拔300～2000m 地区的疏密杂木林内或混交林中，也见于山谷、溪旁或路边。

| 腺叶桂樱 + 棕竹群丛 | *Laurocerasus phaeosticta + Rhapis excelsa* Association

代表群丛位于担杆岛担杆中樟木湾顶附近，北纬22°02′39.53″，东经114°16′33.11″处，海拔298m，地势较平，坡度30°左右。土壤浅黑褐色，土壤pH4.8，凋落物稀疏，腐殖质层较厚。

群丛外貌深绿色，季相变化明显，春夏腺叶桂樱开白色花。群丛立木较密集，内膛较空，林冠不齐，结构较简单，物种较稀少，层次较明显，总盖度约95%。乔木层高4～5m，优势种为腺叶桂樱，最大胸径11cm，此外假苹婆分布较多，亦有小果山龙眼、鹅掌柴、假桂乌口树（*Tarenna attenuata*）、虎皮楠等。灌木层以棕竹（*Rhapis excelsa*）为绝对优势种，其高度较齐，约3m，平均胸径1cm，数量约900株。灌木层覆盖度80%以上。地被层植物稀少，主要分布的是蜘蛛抱蛋（*Aspidistra elatior*）和少量棕竹、假苹婆、石岩枫（*Mallotus repandus*）、三桠苦（*Melicope pteleifolia*）、草珊瑚的小苗。藤本优势种为清香藤、买麻藤、省藤（*Calamus* sp.）、青江藤、马钱（*Strychnos* sp.）、土茯苓有较少数量。这些藤本多攀于林冠，覆盖度约20%。

该群丛棕竹大量密集分布，考察其周围附近，未见有大片棕竹出现的情况。并且，群丛内棕竹高度较齐，胸径较接近，其群丛发展历程有待深入研究。

1. 腺叶桂樱 + 棕竹群丛群落外貌

1
—
2

1. 腺叶桂樱＋棕竹群丛群落结构
2. 腺叶桂樱＋棕竹群丛草本层

银柴（*Aporosa dioica*）俗称大沙叶，叶下珠科银柴属常绿乔木，高可达9m，在次生林中常呈灌木状，高仅2m。分布于我国广东、海南、广西、云南等省区。生长在海拔1000m以下的山地疏林中和林缘或山坡灌木丛中。此种对大气污染的抗逆性较强，可作为营造景观生态林、公益生态林、城市防护绿（林）带、防火林带的优良树种。

| 银柴 + 假苹婆 + 白楸群丛 | *Aporosa dioica*+ *Sterculia lanceolata*+ *Mallotus paniculatus* Association

本群丛的代表位于担杆岛担杆尾岭东头西北角，北纬22°01′30.00″，东经114°13′21.62″，海拔102m。地势较平，土石相间。土壤浅黑褐色，pH 6.4，凋落物层较厚，腐殖质层较薄。

群丛外貌深绿与灰白相间，灰白部分为白楸的叶背颜色。群丛林冠不齐，群丛结构较复杂，物种较丰富，层次不明显，郁闭度约100%。乔木层相对简单，大体分为两层，层次明显。第一层以银柴为主，假苹婆、细叶榕、猴耳环散乱分布，层盖度达70%。第二层优势种为白楸和九节，亦有绒毛润楠分布，层盖度达60%。其中白楸最大胸径14cm，最高6m。灌木层发达，以银柴、假苹婆为主，亦有山黄麻（*Trema tomentosa*）、假鹰爪、秤星树、竹节树、山蒲桃、山牡荆（*Vitex quinata*）、天料木等树种分布。地被层以九节、草豆蔻为主，毗邻路边有弓果黍连片分布，常见假玉桂（*Celtis timorensis*）、牛眼马钱、海金沙、九节幼苗。藤本发达，以省藤（*Calamus* sp.）和紫玉盘为主，买麻藤、羊角拗、菝葜、天香藤（*Albizia corniculata*）也有一定数量。

该群丛出现了绒毛润楠、天料木、竹节树等树种，且白楸密集分布，可见此群丛发展潜力较大。

1. 银柴 + 假苹婆 + 白楸群丛群落生境

物种中文名	学名	株数	相对多度	相对频度	相对显著度	重要值	生活型
假苹婆	*Sterculia lanceolata*	27	23.68	16.87	13.79	54.35	常绿乔木
银柴	*Aporosa dioica*	10	8.77	7.23	13.97	29.97	乔木
白楸	*Artocarpus hypargyreus*	10	8.77	8.43	10.38	27.59	常绿大乔木
细叶榕	*Ficus microcarpa*	1	0.88	1.20	20.92	23.00	常绿乔木
猴耳环	*Archidendron clypearia*	3	2.63	2.41	7.64	12.68	乔木
山蒲桃	*Syzygium levinei*	3	2.63	2.41	5.83	10.87	常绿乔木
岭南山竹子	*Garcinia oblongifolia*	5	4.39	3.61	2.75	10.75	常绿乔木或灌木
山油柑	*Acronychia pedunculata*	4	3.51	3.61	2.46	9.58	常绿小乔木或灌木
红枝蒲桃	*Syzygium rehderianum*	2	1.75	2.41	4.86	9.02	小乔木
山黄麻	*Trema tomentosa*	3	2.63	2.41	3.53	8.57	灌木或乔木
密花树	*Myrsine seguinii*	4	3.51	3.61	0.70	7.82	大灌木或小乔木
鼠刺	*Itea chinensis*	4	3.51	3.61	0.19	7.32	灌木或小乔木
香港大沙叶	*Pavetta hongkongensis*	3	2.63	3.61	0.45	6.69	灌木或小乔木
天料木	*Homalium cochinchinense*	4	3.51	2.41	0.31	6.22	小乔木或灌木
山牡荆	*Vitex quinata*	2	1.75	2.41	1.61	5.78	常绿乔木
红鳞蒲桃	*Syzygium hancei*	2	1.75	2.41	1.18	5.34	灌木至小乔木
长花厚壳树	*Ehretia longiflora*	2	1.75	2.41	0.84	5.01	乔木
簕欓花椒	*Zanthoxylum avicennae*	2	1.75	2.41	0.65	4.81	落叶乔木
九丁榕	*Ficus nervosa*	1	0.88	1.20	2.47	4.55	乔木
罗伞树	*Ardisia quinquegona*	2	1.75	2.41	0.19	4.35	灌木或灌木状小乔木
毛冬青	*Ilex pubescens*	2	1.75	2.41	0.08	4.25	常绿灌木或小乔木
破布叶	*Microcos paniculata*	1	0.88	1.20	0.91	2.99	灌木或小乔木
罗浮柿	*Diospyros morrisiana*	1	0.88	1.20	0.85	2.93	乔木或小乔木
台湾泡桐	*Paulownia kawakamii*	1	0.88	1.20	0.73	2.81	小乔木
狗骨柴	*Diplospora dubia*	1	0.88	1.20	0.54	2.62	灌木或乔木
大果榕	*Ficus auriculata*	1	0.88	1.20	0.37	2.45	乔木或小乔木
鹅掌柴	*Schefflera heptaphylla*	1	0.88	1.20	0.25	2.33	乔木或灌木
对叶榕	*Ficus hispida*	1	0.88	1.20	0.11	2.19	常绿灌木或小乔木
漆	*Toxicodendron vernicifluum*	1	0.88	1.20	0.07	2.15	落叶乔木
台湾榕	*Ficus formosana*	1	0.88	1.20	0.06	2.15	灌木
绒毛润楠	*Machilus velutina*	1	0.88	1.20	0.05	2.14	乔木
变叶榕	*Ficus variolosa*	1	0.88	1.20	0.05	2.14	常绿灌木或小乔木
山石榴	*Catunaregam spinosa*	1	0.88	1.20	0.04	2.12	有刺灌木或小乔木
假鹰爪	*Desmos chinensis*	1	0.88	1.20	0.04	2.12	直立或攀援灌木
石斑木	*Rhaphiolepis indica*	1	0.88	1.20	0.03	2.11	常绿灌木
竹节树	*Carallia brachiata*	1	0.88	1.20	0.02	2.10	乔木
风箱树	*Cephalanthus tetrandrus*	1	0.88	0.00	0.70	1.58	落叶灌木或小乔木

1. 银柴 + 假苹婆 + 白楸群丛群落外貌

2. 银柴 + 假苹婆 + 白楸群丛群落结构

$\frac{1}{\frac{2}{3}}$ | 4

3. 银柴 + 假苹婆 + 白楸群丛林下灌木层

4. 银柴 + 假苹婆 + 白楸群丛林下草本层

厚叶算盘子（*Glochidion hirsutum*）也称赤血仔，为叶下珠科算盘子属小乔木或灌木，产于福建、台湾、广东、海南、广西、云南和西藏等省区，生于海拔 120～1800m 山地林下或河边、沼地灌木丛中。

| 厚叶算盘子 + 白楸 + 对叶榕群丛 | *Glochidion hirsutum*+ *Mallotus paniculatus*+ *Ficus hispida* Association

本群丛常见于中国热带海岛滨海平地密林，代表群丛位于荷包岛，北纬 21°51′42.52″，东经 113°10′30.75″，海拔 9m。地势平坦，土壤湿润呈黑色，表层疏松，土粒含砂，凋落物多，厚达 2～3cm，腐殖质层极厚，土壤 pH 6.5。20m×20m 群丛总盖度约 95%。

群丛外貌黄绿色到深绿色，林冠较整齐，内膛枯枝密集，结构简单，物种较丰富，层次不明显。乔木层高 4～5m，枝下高约 2m，优势种为厚叶算盘子、白楸、对叶榕（*Ficus hispida*），厚叶算盘子占绝对优势地位。另散生有潺槁树、牛耳枫（*Daphniphyllum calycinum*）、香蒲桃（*Syzygium odoratum*）、银柴、箣柊、楤木（*Aralia elata*）、珊瑚树等，层盖度约 90%。林间稀疏分布有一些小灌木，高 1.5～2m，九节和蔓荆（*Vitex trifolia*）较多，另有牛耳枫、毛菍、林刺葵（*Phoenix sylvestris*）、假鹰爪、山小橘（*Glycosmis pentaphylla*）、酒饼簕（*Atalantia buxifolia*）等。地被层呈区域密集，优势种为鸭跖草（*Commelina communis*），鸭跖草长势旺盛而成片覆盖地面，散生少量的野芋（*Colocasia antiquorum*）、火炭母（*Polygonum chinense*）、草珊瑚、假淡竹叶（*Centotheca lappacea*）、杜茎山（*Maesa japonica*）幼苗等，层盖度约 45%。藤本发达，以海金沙为优势种，几乎遍布半个群丛，逢海金沙枯死期时，群丛内膛呈现出大体枯萎的样貌。还有小果葡萄（*Vitis balansana*）、轮环藤（*Cyclea racemosa*）、鸡矢藤（*Paederia foetida*）、扭肚藤、黄独、白簕（*Eleutherococcus trifoliatus*）、锡叶藤、紫玉盘、蔓九节、酸藤子（*Embelia laeta*）等。

群丛处于山脚平地，受到山谷下行水源的补给，地表长期湿润。群丛乔木层以厚叶算盘子占绝对优势地位，白楸、对叶榕等树种渐渐扩大生长范围，群丛处于高速发展时期，灌木层更新替代速度快。

1. 厚叶算盘子 + 白楸 + 对叶榕群丛群落外貌

物种中文名	学名	株数	相对多度	相对频度	相对显著度	重要值	生活型
厚叶算盘子	*Glochidion hirsutum*	32	29.09	17.95	44.74	91.78	乔木
白楸	*Mallotus paniculatus*	14	12.73	14.10	15.35	42.18	乔木或灌木
香蒲桃	*Syzygium odoratum*	13	11.82	14.10	7.15	33.08	小乔木
潺槁木姜子	*Litsea glutinosa*	14	12.73	14.10	6.20	33.03	常绿小乔木或乔木
蔓荆	*Vitex trifolia*	11	10.00	11.54	1.48	23.02	落叶灌木
对叶榕	*Ficus hispida*	8	7.27	6.41	9.15	22.83	常绿灌木或小乔木
珊瑚树	*Viburnum odoratissimum*	4	3.64	5.13	6.09	14.85	常绿乔木
牛耳枫	*Daphniphyllum calycinum*	4	3.64	3.85	2.73	10.22	灌木
箣柊	*Scolopia chinensis*	2	1.82	2.56	4.27	8.66	常绿小乔木或灌木
簕欓花椒	*Zanthoxylum avicennae*	2	1.82	2.56	1.72	6.11	落叶乔木
银柴	*Aporosa dioica*	2	1.82	2.56	0.58	4.96	乔木
鸦胆子	*Brucea javanica*	2	1.82	2.56	0.46	4.84	灌木或小乔木
野牡丹	*Melastoma malabathricum*	2	1.82	2.56	0.08	4.46	灌木

1. 厚叶算盘子 + 白楸 + 对叶榕群丛群落结构

1
—
2
—
3

1. 厚叶算盘子 + 白楸 + 对叶榕群丛林下灌木层

2. 厚叶算盘子 + 白楸 + 对叶榕群丛林下草本层

3. 厚叶算盘子 + 白楸 + 对叶榕群丛层间藤本

| 山乌桕群系 | *Triadica cochinchinensis* Formation

山乌桕（*Triadica cochinchinensis*）为大戟科乌桕属常绿乔木，广布于云南、四川、贵州、湖南、广西、广东、江西、安徽、福建、浙江、台湾等省区。为中国热带大陆常见乔木树种。

| 山乌桕 + 白楸群丛 | *Triadica cochinchinensis+ Mallotus paniculatus* Association

本群丛常见于中国热带海岛海拔 50m 以下的海边山坡，在阳江大镬岛北面山坡成片分布. 代表群丛位于淇澳岛，北纬 22°24′44.44″，东经 113°38′53.45″，海拔 16m。地势较陡，东南坡，坡度 35°。土壤浅黄色，土质疏松含沙子，凋落物层及腐殖质层薄，土壤 pH 6.8。群丛总盖度约 97%。

群丛外貌深绿色，林冠点缀有紫红色的乌桕嫩叶。群丛林冠不齐，结构较复杂，物种丰富，层次明显。乔木层高 10~14m，优势种为山乌桕和白楸，山乌桕最大胸径 26.2cm，其次有较多红鳞蒲桃及少量的马尾松、破布叶、豺皮樟、黄牛木，层盖度约 90%；灌木层高 5~6m，立木稀疏，优势种为豺皮樟、银柴，散生有少量的秤星树、假苹婆、粗叶榕、红鳞蒲桃、鹅掌柴、毛果算盘子（*Glochidion eriocarpum*）、簕欓花椒和亮叶猴耳环，层盖度约 40%。地被层小面积密集，优势种为芒萁和乌毛蕨，高 0.2~0.6m，散生少量的越南叶下珠、山麦冬和香港大沙叶（*Pavetta hongkongensis*）的幼苗，层盖度约 22%。藤本发达，优势种天香藤（*Albizia corniculata*）的树体庞大，于林间交错纵横，另见锡叶藤、海金沙、粪箕笃、扭肚藤、暗色菝葜、青江藤、紫玉盘、玉叶金花（*Mussaenda* sp.）、小叶红叶藤等藤本缠绕于林间。

1. 山乌桕 + 白楸群丛群落外貌

1. 山乌桕 + 白楸群丛群落结构
2. 山乌桕 + 白楸群丛林下草木层
3. 山乌桕 + 白楸群丛林下灌木层
4. 山乌桕 + 白楸群丛层间藤本

血桐（*Macaranga tanarius* var. *tomentosa*）俗名帐篷树，是大戟科血桐属常绿乔木。分布于我国台湾、广东。该种为速生树种，木材可作建筑用材，现多栽植于广东珠江口沿海地区作行道树或住宅旁遮阴树。

| 血桐 + 假苹婆群丛 | *Macaranga tanarius* var. *tomentosa*+ *Sterculia lanceolata* Association

本群丛常见于担杆岛和大万山岛等岛屿，代表群丛分布于担杆中野生动植物亲子教育基地旁，北面紧邻大海，北纬 22°02′35.53″，东经 114°15′52.29″，海拔 20m，位置紧邻居住区。岩石以石灰岩为主，坡向朝北，坡度约 30°，土壤黑色，腐殖质和凋落物层较薄。

群丛外貌深绿色，林冠不齐。生长较稀疏，郁闭度约 95%。群丛物种稀少，结构较复杂，层次明显。乔木层有三层，第一层高 12~14m，优势种为杂色榕，结果量丰富，其最大胸径达 41cm，高度约 14m，层盖度约 15%，长势一般。第二层高 8~12m，优势种为血桐，并有少量的雅榕、台湾相思，层盖度达 70%。血桐最高达 12m，胸径最大 35cm。第三层高 6~8m，假苹婆为优势种，并有较多的鹅掌柴及白楸，层盖度约 35%。假苹婆最高 8m，最大胸径 3cm。灌木层不明显，只有少量的苎麻（*Boehmeria nivea*）和波罗蜜（*Artocarpus heterophyllus*）。草本层以海芋、草豆蔻为主，另丛生有大蕉（*Musa × paradisiaca*），最高 1.5m，层盖度达 70%。藤本发育较好，主要有乌蔹莓、马钱（*Strychnos* sp.）、酸藤子、海金沙、粉叶羊蹄甲、青江藤、紫玉盘、买麻藤，层盖度约 30%。

此群丛的形成和发展阶段与台湾相思 + 血桐 + 假苹婆群丛相似，血桐数量较多且相对高大，假苹婆幼苗较多。海芋、草豆蔻占草本层主要地位，亦有潺槁树、两粤黄檀等小苗补充。

1. 血桐 + 假苹婆群丛群落外貌

1. 血桐 + 假苹婆群丛群落结构
2. 血桐 + 假苹婆群丛林下草本层
3. 血桐 + 假苹婆群丛层间藤本

$\dfrac{1}{\dfrac{2}{3}}$

| 血桐 + 台湾相思群丛 | *Macaranga tanarius* var. *tomentosa* + *Acacia confusa* Association

　　本群丛常见于中国热带海岛海拔 50m 以下海边山脚谷线，代表群丛位于担杆岛担杆头码头附近，北纬 22°03′28.39″，东经 114°18′25.61″ 处，海拔 49m。地势平坦，土壤浅黑色，pH 为 6.2，凋落物层厚达 3.5cm，腐殖质层较薄。

　　群丛外貌淡绿到暗绿色，群丛结构较简单，内膛立木密集，灌木发达，物种丰富，层次明显，总盖度约 90%。乔木层高 4~5m，优势种为血桐和台湾相思，层盖度约 70%。血桐分枝较多，其分枝最大直径 9.2cm，最高 4m。台湾相思最大胸径 12.7cm，最高 5m。潺槁树、鹅掌柴、假苹婆有数株分布。灌木层高 3~4m，层盖度约 55%，其中鹅掌柴占绝对优势，数量极多，平均胸径 3cm，另有少数假苹婆分布。地被层优势种是草海桐（*Scaevola taccada*）、粗毛鸭嘴草（*Ischaemum barbatum*）和青香茅（*Cymbopogon mekongensis*），此三种植物独立于立木层和露兜树丛而连片生长，极大增加了地被层的覆盖率。白子菜（*Gynura divaricata*）、山麦冬（*Liriope spicata*）则分布于立木层林下，地被层总盖度约 30%。藤本以鸡眼藤为优势种，龙须藤（*Bauhinia championii*）有少量分布，主要覆盖于林冠，分布密集，盖度约 5%。

　　此群丛的特别之处在于一般分布于海岸边的露兜树和草海桐与血桐、台湾相思等共同出现在海拔 49m 处的海边山谷线。考察群丛周围，平均高度达 3m 的露兜树从近海边一直蔓延到此处，使得血桐、台湾相思和露兜树（*Pandanus tectorius*）呈现明显的分隔线。群丛内的血桐、台湾相思和露兜树都是阳生树种，它们均处于较为适合自己的位置，该群丛演替可能会在较长一段时间内维持现状。

1. 血桐 + 台湾相思群丛群落生境

1   2. 血桐＋台湾相思群丛群落外貌

2   3. 血桐＋台湾相思群丛中的优势种血桐

鹅掌柴（*Schefflera heptaphylla*）又称大叶伞，鸭母树或鸭脚木，为五加科南鹅掌柴属常绿乔木，高 2～15m，胸径可达 30cm 以上。广布于西藏、云南、广西、广东、浙江、福建和台湾等省份，为热带、亚热带地区常绿阔叶林常见的植物，有时也生于阳坡上，海拔 100～2100m。

中国热带大陆岛常绿阔叶林中的鹅掌柴群系包括两个群丛：鹅掌柴＋大叶相思群丛（*Schefflera heptaphylla*＋ *Acacia auriculiformis* Association）和鹅掌柴＋山矾群丛（*Schefflera heptaphylla*＋ *Symplocos* sp. Association）。与中国热带大陆岛海滨常绿阔叶灌丛中的鹅掌柴群系相似，建群种均为鹅掌柴，林冠不整齐，结构较复杂，物种较丰富，层次明显。所不同的是，常绿阔叶林中的鹅掌柴群系位于海岛山坡密林；群落结构更加复杂，鹅掌柴处于乔木层第二层，高度较低。而海滨常绿阔叶灌丛中的鹅掌柴群系位于滨海平地密林；鹅掌柴处于乔木层上层，高度较高。

| 鹅掌柴＋大叶相思群丛 | *Schefflera heptaphylla*＋ *Acacia auriculiformis* Association

本群丛常见于万山群岛，代表群丛位于担杆岛担杆尾，北纬 22° 02′ 40.71″，东经 114° 15′ 55.29″，海拔 34m。地势较陡，坡面向北，坡度 39°。土壤浅褐色，pH 6.4，凋落物层和腐殖质层较薄。

群丛外貌黄绿色到青绿色，林冠不齐，结构较复杂，物种较丰富，层次明显，郁闭度约 80%。乔木层分为两层，层次明显。第一层高 8～10m，优势种是大叶相思（*Acacia auriculiformis*），最大胸径 19.8cm，最高约 9.7m，种盖度达 40%。第二层高 5～6m，优势种是鹅掌柴和假苹婆，鹅掌柴最大胸径 19.2cm，最高 5.3m。另分布有较多台湾相思、秤星树、牛耳枫和潺槁树，层盖度达 55%。灌木层平均高 1.5m，以九节为优势种，亦分布有较多的鹅掌柴、假苹婆、牛耳枫、米碎花、竹节树和秤星树，层盖度达 30%。地被层下坡一侧密集分布有芒萁，上坡一侧稀疏，主要是一些植物如九节、野漆、鹅掌柴、牛眼马钱的小苗，层盖度约 35%。藤本较发达，在林间和林冠均有分布。林冠以亮叶鸡血藤（*Callerya nitida*）和紫玉盘为主，林间以粉叶菝葜、华南云实、乌蔹莓、鸡眼藤为主。

该群丛有人工痕迹，在样方内发现种植有一株罗汉松。

$\dfrac{1}{2\,|\,3}$

1. 鹅掌柴 + 大叶相思群丛群落外貌
2. 鹅掌柴 + 大叶相思群丛群落结构
3. 鹅掌柴 + 大叶相思群丛层间藤本

| 香蒲桃群系 | *Syzygium odoratum* Formation

香蒲桃（*Syzygium odoratum*）为桃金娘科蒲桃属常绿乔木，高达 20m。产广东、广西等省区。常见于平地疏林或中山常绿林中。

| 香蒲桃群丛 | *Syzygium odoratum* Association

本群丛常见于中国热带海岛海拔 100m 以下的海边迎风坡流石滩旁，代表群丛位于荷包岛，北纬 21°51′37.50″，东经 113°10′27.03″，海拔 62m。地势较陡，北坡 45°。土壤浅黑褐色，表层疏松土粒较粗，凋落物较少，腐殖质层极薄，土壤 pH 6.8。20m×20m 群丛总盖度约 94%。

群丛外貌深绿色，林冠散见野漆的未成熟果和香蒲桃的花苞。林冠整齐，结构简单，内膛空虚，物种稀少，层次不明显。群丛高 4~5m，优势种为香蒲桃，枝下高约 1.5m。另散生有野漆、天料木、杨桐（*Adinandra millettii*）、狗骨柴等，层盖度约 88%。林间稀疏分布有一些小灌木，平均高 1m，如越南叶下珠、秤星树、野牡丹（*Melastoma malabathricum*）、豺皮樟、中华卫矛（*Euonymus nitidus*）等。地被层呈区域密集，优势种为芒萁和乌毛蕨，高 0.2~0.6m，散生少量的扇叶铁线蕨、山麦冬、黑面神和小果山龙眼幼苗，层盖度约 35%；藤本有蔓九节、寄生藤、砚壳花椒（*Zanthoxylum dissitum*）、夜花藤、链珠藤、酸藤子、海金沙、锡叶藤、锈毛莓等。

香蒲桃沿着溪流流石滩自上而下生长，形成一条天然的香蒲桃林带，与周边的灌丛完全不一样，推测是受到水源的影响发育而来。

1. 香蒲桃群丛群落生境
2. 香蒲桃群丛群落外貌

1 | 2

1. 香蒲桃群丛层间藤本
2. 香蒲桃群丛群落结构
3. 香蒲桃群丛林下灌木层
4. 香蒲桃群丛林下草本层

$$\frac{1}{2}$$

4 | 3

红鳞蒲桃又名红车、韩氏蒲桃，为桃金娘科蒲桃属小乔木，高可达20m。花期7—9月。产海南、福建、广东、广西等省区。常见于低海拔疏林中，是我国热带海岛常绿阔叶林中的常见树种。

| 红鳞蒲桃 + 藤槐群丛 | *Syzygium hancei* + *Bowningia callicarpa* Association

本群丛常见于我国热带海岛海拔200m以上的山坡，代表样地位于海南省大洲岛大岭，北纬18°40′06.00″，东经110°28′53.00″处，海拔234m。土壤浅褐色，土质较硬，凋落物层厚约4cm，腐殖质层薄。20m×20m群丛总盖度近100%。

代表群丛外貌黄绿至深绿色，内膛密集，林冠参差不齐，结构简单，物种较丰富。木本可分为不明显的两层，小乔木层高3~4.5m，优势树种为红鳞蒲桃和藤槐（*Bowningia callicarpa*），山油柑及岭南山竹子次之。藤槐最高约3m，最大胸径达4cm。另散生有一定数量的海南龙血树（*Dracaena cambodiana*）、鹅掌柴、山香圆、假苹婆等植物，层盖度约85%。灌木层生长着较多小灌木，高1~2m，未见明显优势种，有假苹婆、毛茶、假桂乌口树、琴叶榕（*Ficus pandurata*）、九节、山牡荆、苏铁（*Cycas revoluta*）、粗毛野桐、鹅掌柴、银叶巴豆（*Croton cascarilloides*）、光荚含羞草（*Mimosa bimucronata*）、银柴、毛菍等，层盖度达45%。地被植物稀少，棕竹和露兜草数量相对较多，另散布有山麦冬、扇叶铁线蕨等植物，层盖度小于5%。藤本植物多呈覆被状，以锈荚藤（*Phanera erythropoda*）为典型代表，锡叶藤也有不少，此外还散布有土茯苓、美丽鸡血藤、蔓九节、清香藤、小叶红叶藤等。

本群丛中既有阳生的物种，又具有阴生的物种，是山顶灌草丛逐步向乔木林过渡的中间植被类型的代表。

1. 海南省大洲岛上的红鳞蒲桃 + 藤槐群丛群落外貌

$\dfrac{1}{2\;\begin{array}{c|c}&3\\\hline&4\end{array}}$

1. 海南省大洲岛上的红鳞蒲桃 + 藤槐群丛群落外貌

2. 海南省大洲岛上的红鳞蒲桃 + 藤槐群丛林下的棕竹

3. 海南省大洲岛上的红鳞蒲桃 + 藤槐群丛林下灌木层

4. 海南省大洲岛上的红鳞蒲桃 + 藤槐群丛林下草本层

| 红鳞蒲桃 + 海南龙血树群丛 | *Syzygium hancei* + *Dracaena cambodiana* Association

　　本群丛常见于海南省大洲岛海拔 200m 以上的山顶，代表样地位于大洲岛大岭，北纬 18°40′02.00″，东经 110°28′56.00″ 处，海拔 256m。土壤表层疏松，浅黑色，凋落物层厚约 2cm，腐殖质层薄。20m×20m 群丛总盖度约 97%。

　　代表群丛外貌黄绿至深绿色，内膛凌乱而密集，林冠参差不齐，结构简单，物种较丰富。群丛可分为不明显的两层，小乔木层高 4~5.5m，优势树种为海南龙血树（*Dracaena cambodiana*）、红鳞蒲桃和藤槐，毛茶的数量也不少。样地内部聚生了 7 株庞大的海南龙血树植株，最大胸径达到 27.3cm，生长年龄很高。此外散生有一定数量的山油柑、柞木、鹅掌柴、箣欓花椒、杜英属（*Elaeocarpus* sp.）等植物，层盖度约 88%。灌木层生长密集，高 1~2m，未见明显优势种。有禾串树（*Bridelia balansae*）、九节、藤槐、银柴、毛茶、粗毛野桐、岭南山竹子、银叶树、山香圆、假鹰爪、海南菜豆树（*Radermachera hainanensis*）等，层盖度达 70%。草本植物生长茂密，以露兜草和鳞盖蕨属（*Microlepia* sp.）为优势种，其余则散布有棕竹、草豆蔻、山麦冬等植物，层盖度达 60%。藤本植物不明显，散布有链珠藤、海金沙、锈荚藤及马钱属（*Strychnos* sp.）等植物。

　　整个大洲岛范围内散布有数量很多的海南龙血树植株，长势很好而且年龄很大。本群丛中 7 株大型海南龙血树聚生在一起，在国内罕见，说明大洲岛植被保护效果很好，为植物学研究提供了难得的原始材料。

1. 海南省大洲岛上的红鳞蒲桃 + 海南龙血树群丛群落结构

1. 海南省大洲岛上的红鳞蒲桃 + 海南龙血树群丛粗壮的海南龙血树枝干
2. 海南省大洲岛上的红鳞蒲桃 + 海南龙血树群丛林下草本层

| 高山榕群系 | *Ficus altissima* Formation

高山榕（*Ficus altissima*）又名高榕、万年青、大青树、大叶榕、鸡榕，为桑科榕属大乔木，高达 30m。花期 3—4 月，果期 5—7 月。产海南、广西、云南、四川。生于海拔 100～2000m 的山地或平原。

| 高山榕群丛 | *Ficus altissima* Association

本群丛见于海南省大洲岛海拔 50～100m 的阴湿坡地，代表样地位于大洲岛大岭，北纬 18°40′20.00″，东经 110°29′01.00″ 处，海拔 70m。土壤浅黑褐色，表层疏松，凋落物层厚 4～5cm，腐殖质层较厚。20m×20m 群丛总盖度约 88%。

代表群丛外貌深绿色，内膛疏松，支柱根发达。林冠不齐，结构复杂，物种丰富，层次明显。乔木层高 4～5.5m，优势种为高山榕（*Ficus altissima*），树体庞大，支柱根发达，成年个体有 5 株，最高约 7.5m，最大胸径达 13.8cm。另散生有海南龙血树、黄槿、鹅掌柴、海南菜豆树、雅榕、笔管榕、假苹婆、鱼尾葵等植物，层盖度约 80%。林间稀疏分布有一些小灌木，高 0.5～1.5m，未见明显优势种。有灰莉（*Fagraea ceilanica*）、紫珠属（*Callicarpa* sp.）、神秘果（*Synsepalum dulcificum*）、酒饼簕、九节、斜叶榕、山牡荆、土蜜树、棕竹等。草本层呈区域密集，沿小山路一侧有较多草豆蔻、玉叶金花、露兜草等分布，森林内膛则稀疏分布着石韦、天门冬、海南茄、蕨（*Pteridium* sp.）等植物，层盖度小于 5%。藤本植物较多，龙须藤覆被生长，球兰生长于林间，还伴生有娃儿藤、夜花藤等。

本群丛是典型的榕树林，生境阴暗潮湿，土壤肥沃，高山榕生长旺盛。同时，也伴生有雅榕、斜叶榕、笔管榕等榕属植物。随着群丛的演替发展，露兜草的地位将会逐步弱化。

1. 海南省大洲岛上的高山榕群丛群落生境

1　1. 海南省大洲岛上的高山榕群丛群落外貌
2　2. 海南省大洲岛上的高山榕群丛林下灌木层
3　3. 海南省大洲岛上的高山榕群丛林下地被层

| 龙眼群系 | *Dimocarpus longan* Formation

龙眼又名羊眼果树、桂圆、圆眼，为无患子科龙眼属常绿乔木，高通常10余米。也可见高达40m、胸径达1m、具板根的大乔木。花序大型，多分枝，花瓣乳白色。花期春夏，果期夏季。我国西南部至东南部栽培很广，海南、云南、广东、广西南部亦见野生或半野生于疏林中。龙眼是我国南部和东南部著名果树之一，常与荔枝相提并论。

我国热带大陆岛上的龙眼群系包括1群丛，即龙眼＋荔枝群丛，仅见于海南省大洲岛南岸的山腰阴湿密林。此处植被茂密，植株高大，龙眼长势极好。

| 龙眼＋荔枝群丛 | *Dimocarpus longan +Litchi chinensis* Association

本群丛仅见于海南省大洲岛。代表群丛位于大洲岛大岭，北纬18°39′35.00″，东经110°29′02.00″处，海拔144m。土壤浅黑色，质地疏松，凋落物厚4~5cm，腐殖质丰富。20m×20m群丛总盖度近100%。

群丛外貌深绿色，内膛密集，林冠不齐，结构复杂，物种丰富，层次明显。乔木层分为明显的两层，第一层高8~10m，突出生长有白桂木（*Artocarpus hypargyreus*），树体庞大，胸径达13cm。第二层高6~8m，优势树种为龙眼和荔枝。另散生有一定数量的假苹婆、鹅掌柴、毛茶、柞木、五月茶属（*Antidesma sp.*）、橄榄（*Canarium album*）等植物，层盖度约92%。灌木层相对稀疏，高2~3m，未见明显优势种，有假玉桂、土蜜树、九节、钝叶紫金牛（*Ardisia obtusa*）、海南苏铁（*Cycas hainanensis*）、棕竹等，层盖度约10%。草本层茂密，优势种为野靛棵（*Justicia patentiflora*），另有数株大型草本海芋散布，龙眼小苗、山麦冬等也有不少数量，层盖度约80%。藤本植物多生长于林冠，优势种锈荚藤覆被生长，种盖度达20%。伴生有悬果藤、苍白秤钩风、石柑子等，层盖度达30%。

考察发现样地周围散布有不少的龙眼树，其中不乏年龄较高的植株。荔枝则在大洲岛范围内间断散布，龙眼分布范围相对较窄。我们据此判定岛上的龙眼树和荔枝树属于自然分布种。

1. 海南省大洲岛上的龙眼＋荔枝群丛群落外貌

中国热带海岛植被

1. 海南省大洲岛上的龙眼＋荔枝群丛群落结构
2. 海南省大洲岛上的龙眼＋荔枝群丛群落结构
3. 海南省大洲岛上的龙眼＋荔枝群丛林下灌木层
4. 海南省大洲岛上的龙眼＋荔枝群丛林下灌木层
5. 海南省大洲岛上的龙眼＋荔枝群丛层间藤本

| 短穗鱼尾葵群系 | *Caryota mitis* Formation

短穗鱼尾葵（*Caryota mitis*）为棕榈科鱼尾葵属小乔木，高 5~8m。果球形，成熟时紫红色。花期 4~6 月，果期 8—11 月。产海南、广西等省区，生于山谷林中。茎含淀粉，可供食用；花序汁液含糖分，可供制糖或酿酒。

| 短穗鱼尾葵群丛 | *Caryota mitis* Association

本群丛见于海南省大洲岛，代表群丛位于大洲岛大岭，北纬 18°39′36.00″，东经 110°29′04.00″处，海拔 158m。土壤肥沃，土层松软，呈暗黄色，凋落物稀少，腐殖质层薄。20m×20m 群丛总盖度约 97%。

群丛外貌深绿色，内膛密集，灌木稀少，林冠不齐，结构复杂，物种丰富，层次明显。乔木层高 9~10m，植株高大，优势树种为短穗鱼尾葵（*Caryota mitis*），伴生有高大的樟科植物以及山牡荆、斜叶榕等植物，层盖度约 85%。灌木层稀疏，高 3~4m，未见明显优势种。有棕竹、九节、簕欓花椒、粗叶木（*Lasianthus chinensis*）、荔枝、海南龙血树等，层盖度约 10%。草本层高 0.5~1.5m，优势种为野靛棵，另伴生有海芋、山麦冬、草豆蔻，以及一些木本植物如龙眼、柞木等的小苗，层盖度约 40%。藤本层优势种为锈荚藤，偶见悬果藤、红叶藤等分布。

群丛所处地点植被茂密，乔木层植株高大，长势极好。物种较多，内膛稀疏，群落演替层次较高。

1. 海南省大洲岛上的短穗鱼尾葵群丛群落结构

1. 海南省大洲岛上的短穗鱼尾葵群丛群落结构

2. 海南省大洲岛上的短穗鱼尾葵群丛群落结构

3. 海南省大洲岛上的短穗鱼尾葵群丛林下灌木层及草本层

海南菜豆树群系 | *Radermachera hainanensis* Formation

海南菜豆树（*Radermachera hainanensis*）又名大叶牛尾林、牛尾林、大叶牛尾连、绿宝、幸福树，为紫葳科菜豆树属乔木，高达20m。花萼淡红色，筒状。花冠淡黄色，钟状。花期4月。产广东、海南、云南。生于海拔300~550m低山坡林中，在我国热带海岛上较少见。本种树干木材纹理通直，结构细致而均匀，适作农具、车辆、建筑材料，尤为优良的家具和美工材。也可作为低海拔地区绿化树种。根、叶、花、果均可入药。

海南菜豆树 + 构棘群丛 | *Radermachera hainanensis* + *Maclura cochinchinensis* Association

本群丛见于海南省大洲岛海拔100m以上的山腰阴湿密林。代表群丛位于大洲岛小岭，北纬18°41′04.00″，东经110°28′24.00″处，海拔105m。土壤浅黑色，表层湿润疏松，散布碎石块。凋落物层薄，腐殖质丰富。20m×20m群丛总盖度约96%。

群丛外貌呈黄绿色至深绿色，林冠不齐，结构复杂，物种丰富，层次明显，内膛可见藤本植物密集生长。乔木层高9~10m，植株高大，优势树种为海南菜豆树。还有山牡荆、白桂木也十分高大。另伴生有短穗鱼尾葵、假玉桂、假苹婆、银柴等植物，层盖度约90%。灌木层高2~3m，优势种为构棘（*Maclura cochinchinensis*），其生长遍布样方各处。另伴生有罗伞树、光荚含羞草、猴耳环、海南苏铁、山蒲桃、荔枝、假鹰爪、粗叶木等，层盖度约35%。草本层生长茂密，优势种为野靛棵，其次为棕竹。还散布有九节、山麦冬、海芋、草豆蔻等植物，层盖度约40%。藤本发达，长势凶猛，优势种锈荚藤覆被生长，省藤（*Calamus* sp.）缠绕于林间，另散布有红叶藤、土茯苓、牛筋藤（*Malaisia scandens*）等植物。

此群丛林下阴湿，植株高大，大型乔木树种较多，这在大洲岛上很少见。总的来看，大洲岛上这些茂密的乔木林多分布于岛屿的背风坡，并且山脚连接着大的山谷线，其独特的生境条件成为该岛上的植被演化发展的极大优势。

1. 海南省大洲岛上的海南菜豆树 + 构棘群丛群落外貌

1　1. 海南省大洲岛上的海南菜豆树 + 构棘群丛林下灌木层
2　2. 海南省大洲岛上的海南菜豆树 + 构棘群丛地被层

岭南山竹子（*Garcinia oblongifolia*）别名竹节果、酸桐木，为藤黄科藤黄属常绿乔木，产我国两广地区。生于平地，丘陵，沟谷密林或疏林中，海拔200～400m。

| 岭南山竹子 + 狗骨柴 + 天料木群丛 | *Garcinia oblongifolia+ Diplospora dubia+ Homalium cochinchinense* Association

本群丛常见于中国热带海岛海边迎风坡溪边流石滩，代表群丛位于荷包岛，北纬 21° 51′ 41.74″，东经 113° 10′ 28.29″，海拔38m。地势较陡，坡向朝北，坡度30°，土壤浅黑褐色，表层疏松，凋落物稀疏，腐殖质层较厚，土壤 pH 6.82。20m×20m 群丛总盖度约 90%。

群丛外貌深绿色，内膛空虚，枝下高约 1.5～2m，林冠不齐而密集点缀有岭南山竹子的未成熟果，结构简单，物种较少，层次不明显。乔木层高 5～6m，优势种为岭南山竹子，狗骨柴和天料木数量较多，群丛地位仅次于岭南山竹子。另伴生有野漆、白楸、豺皮樟、珊瑚树、余甘子（*Phyllanthus emblica*）、香蒲桃等，层盖度约 85%。灌木层高 1～2m，数量不多，仅豺皮樟和牛耳枫数量达10棵以上，散生有越南叶下珠、九节、红鳞蒲桃、亮叶猴耳环、潺槁树、假苹婆、毛菍、黑面神等。地被层长势旺盛，优势种为芒萁，其种盖度约 40%。草本植物极少，除山麦冬外只见一些植物的幼苗如九节、牛耳枫、岭南山竹子、假鹰爪、银柴、密花树（*Myrsine seguinii*）、米碎花等。藤本衰落，锡叶藤小范围生长于林冠，寄生藤攀爬于林间，偶见海金沙、玉叶金花（*Mussaenda* sp.）、娃儿藤的分布。

群丛位于溪边流石滩，水分充足。建群种岭南山竹子地位显著，狗骨柴和天料木逐渐扩大生长范围，加之藤本渐渐衰落，地被植物仅见芒萁这一草本优势种，群丛处于更新期。

4	5
1	2	3

1. 岭南山竹子 + 狗骨柴 + 天料木群丛群落结构
2. 岭南山竹子 + 狗骨柴 + 天料木群丛林冠层
3. 岭南山竹子 + 狗骨柴 + 天料木群丛林下灌木层
4. 岭南山竹子 + 狗骨柴 + 天料木群丛林下灌木层
5. 岭南山竹子 + 狗骨柴 + 天料木群丛草本层及层间藤本

荷包岛上的岭南山竹子 + 狗骨柴 + 天料木群丛 400m² 样地立木表

物种中文名	学名	株数	相对多度	相对频度	相对显著度	重要值	生活型
天料木	Homalium cochinchinense	28	40.00	31.91	11.71	83.62	小乔木或灌木
岭南山竹子	Garcinia oblongifolia	10	14.29	14.89	48.40	77.58	常绿乔木或灌木
红鳞蒲桃	Syzygium hancei	4	5.71	6.38	9.09	21.19	灌木至小乔木
狗骨柴	Diplospora dubia	4	5.71	6.38	4.34	16.44	灌木或乔木
米碎花	Eurya chinensis	4	5.71	6.38	1.64	13.74	灌木
豺皮樟	Litsea rotundifolia var. oblongifolia	3	4.29	6.38	2.50	13.17	常绿灌木或小乔木
九节	Psychotria asiatica	3	4.29	6.38	1.70	12.37	常绿灌木或小乔木
潺槁木姜子	Litsea glutinosa	3	4.29	4.26	3.29	11.83	常绿小乔木或乔木
野漆	Toxicodendron succedaneum	2	2.86	4.26	3.06	10.17	落叶乔木或小乔木
亮叶猴耳环	Archidendron lucidum	2	2.86	4.26	1.19	8.30	乔木
白楸	Mallotus paniculatus	3	4.29	0.00	2.64	6.93	乔木或灌木
箣柊	Scolopia chinensis	1	1.43	2.13	1.60	5.16	常绿小乔木或灌木
余甘子	Phyllanthus emblica	1	1.43	2.13	0.26	3.81	乔木

罗浮柿（*Diospyros morrisiana*）俗名山楯树、牛古柿、乌蛇木，为柿科柿属乔木，高可达20m，树皮呈片状剥落，产广东、广西、福建、台湾、浙江、江西、湖南、贵州、云南、四川等地，垂直分布可达海拔1100～1450m。生于山坡、山谷疏林或密林中，或灌丛中，或近水边。未成熟果实可提取柿漆，木材可制家具。

| 罗浮柿 + 绒毛润楠群丛 | *Diospyros morrisiana* + *Machilus velutina* Association

本群丛常见于中国热带海岛海拔100m以上的海边背风坡山腰密林，代表群丛位于荷包岛，北纬21°52′01.14″，东经113°08′21.53″，海拔144m。地势较陡，东南坡45°。土壤浅黑褐色，表层较疏松，凋落物层厚达4.5cm，腐殖质层较厚，土壤pH6.6。20m×20m群丛总盖度约98%。

群丛外貌黄绿色到深绿色，林冠不齐，内膛立木密度大但藤本极少，结构简单，层次明显，物种丰富。乔木层高7～9m，茎干细直而多，枝下高约3～4m，优势种为罗浮柿、绒毛润楠，散生山茶属（*Camellia* sp.）、红鳞蒲桃、杜英（*Elaeocarpus* sp.）、秤星树、白桂木等，层盖度约90%。灌木层第一层高3～4m，立木较多，分布有白花苦灯笼、绒毛润楠、老鼠矢（*Symplocos stellaris*）、白楸、粗叶榕等。灌木层第二层高1～2m，优势种为九节，较密集散布有罗汉松、密花树、银柴、对叶榕、竹节树、狗骨柴、密花山矾（*Symplocos congesta*）、水锦树（*Wendlandia uvariifolia*）、中华卫矛等，层盖度约65%。地被层稀疏，主要是裸露的地表和凋落物，散布有草珊瑚、山麦冬、山菅、乌毛蕨、扇叶铁线蕨等草本植物。藤本群丛地位不明显，有少量锡叶藤、清香藤覆盖于林冠，另见有寄生藤、忍冬（*Lonicera* sp.）、乌敛莓、锈毛莓分布。

此群丛物种丰富，内膛结构趋向稳定，层次明显，柿科、樟科、山茶科大乔木占优势地位，藤本和地被植物地位弱，立木挺直，结构清晰，进化程度较高。

1. 罗浮柿 + 绒毛润楠群丛群落结构

物种中文名	学名	株数	相对多度	相对频度	相对显著度	重要值	生活型
罗浮柿	*Diospyros morrisiana*	40	22.99	14.04	25.98	63.00	乔木或小乔木
绒毛润楠	*Machilus velutina*	17	9.77	11.40	7.30	28.47	乔木
密花树	*Myrsine seguinii*	19	10.92	13.16	3.95	28.02	大灌木或小乔木
红鳞蒲桃	*Syzygium hancei*	11	6.32	7.02	4.16	17.50	灌木至小乔木
黄樟	*Cinnamomum parthenoxylon*	1	0.57	0.88	9.97	11.42	常绿乔木
山杜英	*Elaeocarpus sylvestris*	7	4.02	4.39	2.74	11.15	小乔木
亮叶猴耳环	*Archidendron lucidum*	4	2.30	2.63	0.54	5.47	乔木
九节	*Psychotria asiatica*	4	2.30	2.63	0.28	5.21	常绿灌木或小乔木
银柴	*Aporosa dioica*	1	0.57	0.88	3.34	4.79	乔木
密毛乌口树	*Tarenna mollissima*	3	1.72	2.63	0.35	4.71	灌木或小乔木
栀子	*Gardenia jasminoides*	3	1.72	2.63	0.20	4.56	常绿灌木
野漆	*Toxicodendron succedaneum*	2	1.15	1.75	1.51	4.41	落叶乔木或小乔木
密花山矾	*Symplocos congesta*	3	1.72	1.75	0.59	4.07	常绿乔木或灌木
狗骨柴	*Diplospora dubia*	2	1.15	1.75	0.68	3.59	灌木或乔木
天料木	*Homalium cochinchinense*	2	1.15	1.75	0.24	3.14	小乔木或灌木
鹅掌柴	*Schefflera heptaphylla*	1	0.57	0.88	1.16	2.61	乔木或灌木
白楸	*Mallotus paniculatus*	1	0.57	0.88	0.32	1.77	乔木或灌木
白背算盘子	*Glochidion wrightii*	1	0.57	0.88	0.30	1.75	灌木或乔木
银柴	*Aporosa dioica*	1	0.57	0.88	0.26	1.71	乔木
豺皮樟	*Litsea rotundifolia* var. *oblongifolia*	1	0.57	0.88	0.26	1.71	常绿灌木或小乔木
三桠苦	*Melicope pteleifolia*	1	0.57	0.88	0.21	1.66	乔木
秤星树	*Ilex asprella*	1	0.57	0.88	0.15	1.60	落叶灌木
杨桐	*Adinandra millettii*	1	0.57	0.88	0.14	1.60	灌木或小乔木
琴叶榕	*Ficus pandurata*	1	0.57	0.88	0.11	1.56	小灌木
罗汉松	*Podocarpus macrophyllus*	1	0.57	0.88	0.04	1.49	常绿乔木

1. 罗浮柿 + 绒毛润楠群丛群落结构

1. 罗浮柿 + 绒毛润楠群丛林下灌木层第一层

2. 罗浮柿 + 绒毛润楠群丛林下灌木层第二层

3. 罗浮柿 + 绒毛润楠群丛林下草本层

白桂木（*Artocarpus hypargyreus*）俗称将军树，为桑科波罗蜜属常绿大乔木，分布于广东及沿海岛屿、海南、福建、江西、湖南、云南东南部。其生长于低海拔 160 ~ 1630m 的常绿阔叶林中。由于白桂木野生种群数量日渐减少，很多白桂木种群呈单株散生的间断分布，林下幼苗少见，种群呈衰退趋势，1992 年以珍稀物种列入《中国植物红皮书》，并被列入《世界自然保护联盟红色名录》中，保护级别为濒危（EN）。

中国热带大陆岛常绿阔叶林中的白桂木群系仅包括一个群丛：白桂木 + 九丁榕 + 假苹婆群丛（*Artocarpus hypargyreus*+ *Ficus nervosa*+ *Sterculia lanceolata* Association）。与中国热带大陆岛山地常绿阔叶灌丛中的白桂木群系完全不同，中国热带大陆岛常绿阔叶林中的白桂木群系为常绿阔叶林，白桂木为乔木层的优势种之一，高 10 ~ 12m；林冠不整齐，结构较为简单，内膛空虚，层次明显，物种较少；植株高大，大量藤本穿梭于林间，土壤湿润，呈现出一定的热带雨林样貌。

| 白桂木 + 九丁榕 + 假苹婆群丛 | *Artocarpus hypargyreus*+ *Ficus nervosa*+ *Sterculia lanceolata* Association

本群丛常见于二洲岛海拔 100m 以下的山谷溪流旁密林，代表群丛位于北纬 21° 59′ 54.69″，东经 114° 11′ 47.34″ 处，海拔 64m。地势复杂，高差变化大，流石密布，土壤浅黑色，含砂，表层土黑色，凋落物黑色，厚达 3.5cm，腐殖质层深厚，土壤 pH 6.82。20m × 20m 群丛总盖度约 96%。

群丛外貌黄绿色到深绿色，林冠参差不齐，结构简单，乔木层与灌木层界限清晰，内膛空虚，枝下高 5 ~ 6m，层次明显，物种较少。乔木层分明显的两层，第一层高 10 ~ 12m，优势种为白桂木和九丁榕（*Ficus nervosa*），九丁榕数量不多，但很高大，层盖度约 45%。第二层高 8 ~ 10m，优势种为假苹婆、岭南山竹子，毛茶稀疏点布，共有 5 株，还散布有潺槁树、五月茶（*Antidesma bunius*）、翅荚香槐（*Cladrastis platycarpa*）、鹅掌柴、山蒲桃等，层盖度约 60%。灌木层高 2 ~ 5m，群丛地位不显著，未见明显优势种。稀疏散布香港大沙叶、石岩枫（*Mallotus repandus*）、九节、竹节树、山牡荆、黄牛木、天料木、石斑木等。地被层植物稀少，偶见血叶兰（*Ludisia discolor*）、鳞盖蕨（*Microlepia* sp.）、山麦冬、四川山姜（*Alpinia sichuanensis*）及牛耳枫、竹节树、亮叶猴耳环的幼苗。藤本种类较多，优势种为省藤（*Calamus salicifolius*）和华南云实（*Caesalpinia crista*），二者垂帘状悬挂于林间。其他有锡叶藤、娃儿藤、海金沙、酸藤子、鸡眼藤、华马钱（*Strychnos cathayensis*）、青江藤、鸡血藤（*Callerya* sp.）、龙须藤、寄生藤和紫玉盘等。

此群丛生长于低海拔沟谷，结构简单，植株高大，内膛空虚，大型藤本穿梭于林间，土壤湿润，腐殖质厚，榕树高大，呈现出一定的热带雨林样貌。

二洲岛上的白桂木 + 九丁榕 + 假苹婆群丛 400m² 样地立木表

物种中文名	学名	株数	相对多度	相对频度	相对显著度	重要值	生活型
假苹婆	*Sterculia lanceolata*	18	18.18	15.79	7.92	41.89	常绿乔木
鹅掌柴	*Schefflera heptaphylla*	6	6.06	6.58	21.40	34.04	乔木或灌木
岭南山竹子	*Garcinia oblongifolia*	9	9.09	9.21	10.72	29.02	常绿乔木或灌木
白桂木	*Artocarpus hypargyreus*	7	7.07	6.58	11.27	24.92	常绿大乔木
毛茶	*Antirhea chinensis*	9	9.09	9.21	5.79	24.09	直立灌木
香港大沙叶	*Pavetta hongkongensis*	8	8.08	7.89	1.50	17.47	灌木或小乔木
翅荚香槐	*Cladrastis platycarpa*	5	5.05	3.95	4.71	13.71	常绿乔木
山蒲桃	*Syzygium levinei*	4	4.04	3.95	5.46	13.45	常绿乔木
石斑木	*Rhaphiolepis indica*	5	5.05	3.95	2.70	11.70	常绿灌木
五月茶	*Antidesma bunius*	2	2.02	2.63	5.22	9.87	常绿乔木
黄牛木	*Cratoxylum cochinchinense*	4	4.04	3.95	1.81	9.80	落叶灌木或乔木
九丁榕	*Ficus nervosa*	2	2.02	2.63	4.61	9.26	乔木
九节	*Psychotria asiatica*	4	4.04	3.95	0.44	8.43	常绿灌木或小乔木
毛茶	*Antirhea chinensis*	2	2.02	2.63	3.73	8.38	直立灌木
杂色榕	*Ficus variegata*	1	1.01	1.32	5.48	7.80	乔木
竹节树	*Carallia brachiata*	2	2.02	2.63	1.02	5.67	乔木
栀子	*Gardenia jasminoides*	2	2.02	2.63	0.15	4.80	常绿灌木
亮叶猴耳环	*Archidendron lucidum*	2	2.02	1.32	0.99	4.33	乔木
岭南山竹子	*Garcinia oblongifolia*	1	1.01	1.32	1.74	4.06	常绿乔木或灌木
朴树	*Celtis sinensis*	1	1.01	1.32	1.69	4.02	落叶乔木
竹节树	*Carallia brachiata*	1	1.01	1.32	0.94	3.27	乔木
米碎花	*Eurya chinensis*	1	1.01	1.32	0.53	2.86	灌木
潺槁木姜子	*Litsea glutinosa*	1	1.01	1.32	0.10	2.43	常绿小乔木或乔木
海桐	*Pittosporum tobira*	1	1.01	1.32	0.04	2.37	常绿灌木或小乔木
香港大沙叶	*Pavetta hongkongensis*	1	1.01	1.32	0.04	2.37	灌木或小乔木

$$\frac{1}{\frac{2 \mid 3}{4}}$$

1. 白桂木 + 九丁榕 + 假苹婆群丛群落结构

2. 白桂木 + 九丁榕 + 假苹婆群丛林下灌木层

3. 白桂木 + 九丁榕 + 假苹婆群丛林下草本层

4. 白桂木 + 九丁榕 + 假苹婆群丛层间藤本

雅榕（*Ficus concinna*）又称小叶榕，为桑科榕属乔木，其树冠巨大，宜做庭荫树。产于浙江南部、江西南部、广东、云南。

| 雅榕 + 假苹婆 + 白桂木群丛 | *Ficus concinna+ Sterculia lanceolata+ Artocarpus hypargyreus* Association

本群丛常见于中国热带海岛海拔 100m 以下的山谷溪流旁密林，代表群丛位于荷包岛蝴蝶谷，北纬 21°51′23.16″，东经 113°08′51.98″，海拔 74m。地势陡而复杂，流石密布，山谷线深达 6m，边坡急，坡向朝北，坡度 60°，土壤浅黄褐色，土质疏松，凋落物层厚达 3cm，腐殖质层薄，土壤 pH 6.8。20m×20m 群丛总盖度约 97%。

群丛外貌黄绿色到深绿色，银柴鲜艳橙红的果实挂于林端，林冠参差不齐，结构简单。乔木层与灌木层界限清晰，内膛空虚，枝下高 4 ~ 5m，物种丰富。乔木层分明显的两层，第一层高 10 ~ 12m，优势种为雅榕、山蒲桃、猴耳环，此三种植物数量不多，但很高大，从侧面表明了该群丛经历了较长的发展阶段。第二层高 8 ~ 10m，优势种为假苹婆、银柴、白桂木，其中白桂木稀疏点布，还散布有天料木、水锦树、五月茶（*Antidesma* sp.）、竹节树、大果榕（*Ficus auriculata*）、鹅掌柴、水团花（*Adina pilulifera*）等，层盖度约 80%。灌木层高 1 ~ 2m，以罗伞树、香叶树（*Lindera communis*）为优势种，较密集分布有假鹰爪、香港大沙叶、罗浮柿、柃（*Eurya* sp.）、粗叶榕、九节、山石榴（*Catunaregam spinosa*）等，层盖度约 45%。地被层于山谷一侧几无，陡坡一侧以乌毛蕨、草豆蔻为优势种，另稀稀疏疏散布有四川山姜、露兜草（*Pandanus austrosinensis*）、扇叶铁线蕨等草本植物，露兜草大株散生，此海拔如此大株的露兜草很少见。藤本呈覆被状，以买麻藤和两粤黄檀为优势种，散生马钱（*Strychnos* sp.）、黄独、紫玉盘、酸藤子、海金沙、悬果藤（*Eccremocarpus viridis*）等。

此群丛优势种为桑科、桃金娘科和豆科的一些大乔木，山蒲桃、猴耳环等偶见成为群丛早期的优势种并一直延续至今，同时假苹婆、白桂木、银柴等长势优秀，并且香叶树等灌木层树种潜力巨大，该群丛的演替过程值得深入研究。

1. 雅榕 + 假苹婆 + 白桂木群丛群落外貌

荷包岛蝴蝶谷雅榕 + 假苹婆 + 白桂木群丛 400m² 样地立木表

物种中文名	学名	株数	相对多度	相对频度	相对显著度	重要值	生活型
假苹婆	*Sterculia lanceolata*	27	23.68	16.87	13.79	54.35	常绿乔木
银柴	*Aporosa dioica*	10	8.77	7.23	13.97	29.97	乔木
白桂木	*Artocarpus hypargyreus*	10	8.77	8.43	10.38	27.59	常绿大乔木
雅榕	*Ficus concinna*	1	0.88	1.20	20.92	23.00	常绿乔木
猴耳环	*Archidendron clypearia*	3	2.63	2.41	7.64	12.68	乔木
山蒲桃	*Syzygium levinei*	3	2.63	2.41	5.83	10.87	常绿乔木
岭南山竹子	*Garcinia oblongifolia*	5	4.39	3.61	2.75	10.75	常绿乔木或灌木
山油柑	*Acronychia pedunculata*	4	3.51	3.61	2.46	9.58	常绿小乔木或灌木
水锦树	*Wendlandia uvariifolia*	3	2.63	2.41	3.53	8.57	灌木或乔木
密花树	*Myrsine seguinii*	4	3.51	3.61	0.70	7.82	大灌木或小乔木
鼠刺	*Itea chinensis*	4	3.51	3.61	0.19	7.32	灌木或小乔木
香港大沙叶	*Pavetta hongkongensis*	3	2.63	3.61	0.45	6.69	灌木或小乔木
天料木	*Homalium cochinchinense*	4	3.51	2.41	0.31	6.22	小乔木或灌木
老鼠矢	*Symplocos stellaris*	2	1.75	2.41	1.61	5.78	常绿乔木
红鳞蒲桃	*Syzygium hancei*	2	1.75	2.41	1.18	5.34	灌木至小乔木
长花厚壳树	*Ehretia longiflora*	2	1.75	2.41	0.84	5.01	乔木
簕欓花椒	*Zanthoxylum avicennae*	2	1.75	2.41	0.65	4.81	落叶乔木
九丁榕	*Ficus nervosa*	1	0.88	1.20	2.47	4.55	乔木
罗伞树	*Ardisia quinquegona*	2	1.75	2.41	0.19	4.35	灌木或灌木状小乔木
毛冬青	*Ilex pubescens*	2	1.75	2.41	0.08	4.25	常绿灌木或小乔木
破布叶	*Microcos paniculata*	1	0.88	1.20	0.91	2.99	灌木或小乔木
罗浮柿	*Diospyros morrisiana*	1	0.88	1.20	0.85	2.93	乔木或小乔木
台湾泡桐	*Paulownia kawakamii*	1	0.88	1.20	0.73	2.81	小乔木
狗骨柴	*Diplospora dubia*	1	0.88	1.20	0.54	2.62	灌木或乔木
大果榕	*Ficus auriculata*	1	0.88	1.20	0.37	2.45	乔木或小乔木
鹅掌柴	*Schefflera heptaphylla*	1	0.88	1.20	0.25	2.33	乔木或灌木
对叶榕	*Ficus hispida*	1	0.88	1.20	0.11	2.19	常绿灌木或小乔木
香叶树	*Lindera communis*	1	0.88	1.20	0.10	2.18	乔木
漆	*Toxicodendron vernicifluum*	1	0.88	1.20	0.07	2.15	落叶乔木
台湾榕	*Ficus formosana*	1	0.88	1.20	0.06	2.15	灌木
绒毛润楠	*Machilus velutina*	1	0.88	1.20	0.05	2.14	乔木
变叶榕	*Ficus variolosa*	1	0.88	1.20	0.05	2.13	常绿灌木或小乔木
山石榴	*Catunaregam spinosa*	1	0.88	1.20	0.04	2.12	有刺灌木或小乔木
假鹰爪	*Desmos chinensis*	1	0.88	1.20	0.04	2.12	直立或攀援灌木
石斑木	*Rhaphiolepis indica*	1	0.88	1.20	0.03	2.11	常绿灌木
竹节树	*Carallia brachiata*	1	0.88	1.20	0.02	2.11	乔木

1. 雅榕＋假苹婆＋白桂木群丛群落结构
2. 雅榕＋假苹婆＋白桂木群丛优势种—白桂木
3. 雅榕＋假苹婆＋白桂木群丛林下灌木层
4. 雅榕＋假苹婆＋白桂木群丛林下草本层
5. 雅榕＋假苹婆＋白桂木群丛层间藤本

假玉桂（*Celtis timorensis*）又名香粉木、樟叶朴，为大麻科朴属常绿乔木，高达 20m。产西藏南部、云南、四川、贵州、广西、广东、海南、福建。多生于路旁、山坡，自灌丛至林中均有分布，海拔 50～140m。

| 假玉桂 + 血桐 + 秋枫群丛 | *Celtis timorensis* + *Macaranga tanarius* var. *tomentosa* + *Bischofia javanica* Association

本群丛常见于万山群岛海边，代表群丛位于担杆岛担杆尾，北纬 22°01′26.78″，东经 114°13′08.62″，为典型的海边石山常绿阔叶林。群丛西南面朝海，坡向朝南，坡度 20°，土石相间。土壤深黑色，pH 6.8，凋落物层较薄，腐殖质层较厚。

群丛外貌深绿色，林冠不齐。植物生长稀疏，郁闭度约 95%。群丛结构简单，物种较丰富，层次不明显。乔木层相对简单，大体分为两层，层次不明显。第一层高 8～9m，仅有苦楝（*Melia azedarach*）和秋枫（*Bischofia javanica*），苦楝最大胸径 21cm，秋枫最大胸径 19.6cm，层盖度小于 5%。第二层高 6～8m，优势种为假玉桂、血桐和假苹婆，亦分布有少量的雅榕、五月茶和鹅掌柴，层盖度 55% 以上。其中假玉桂最大胸径 15cm，最大高度达 7.5m。地被层发达，以海芋、长叶肾蕨（*Nephrolepis biserrata*）为主，另有较少的番石榴（*Psidium guajava*）、苎麻、潺槁树、鸦胆子和白楸。海芋和长叶肾蕨生长茂盛，在样方内广泛而密集分布，盖度 40% 以上。此外草豆蔻、蔓生莠竹（*Microstegium fasciculatum*）、土牛膝（*Achyranthes aspera*）、白花丹（*Plumbago zeylanica*）和小果叶下珠（*Phyllanthus reticulatus*）等物种小范围集中分布，数量较少。整体草本遍布，层覆盖度达 70%。藤本较发达，以省藤（*Calamus* sp.）为主，零星分布有海金沙和海刀豆（*Canavalia rosea*）等。

此群丛灌木和草本植物遍布，乔木层层次不明显。但物种较为丰富，出现有假玉桂、鹅掌柴、雅榕、秋枫、五月茶、苦楝、潺槁树、鸦胆子、白楸等，有较好的发展态势。

1. 假玉桂 + 血桐 + 秋枫群丛群落生境

$\dfrac{1}{\;\;2\;\;}$
$\dfrac{}{\;\;3\;\;}$

1. 假玉桂＋血桐＋秋枫群丛群落外貌

2. 假玉桂＋血桐＋秋枫群丛林下草本层

3. 假玉桂＋血桐＋秋枫群丛群落结构

四药门花(*Loropetalum subcordatum*)为金缕梅科檵木属常绿灌木或小乔木，高达 12m。头状花序腋生，花瓣白色，呈带状，该种零星分布于广东沿海及广西龙州，每个分布点数量极少且存在自然繁殖障碍，有专家认为该物种已功能性灭绝。该种在珠海市高栏岛尚属首次发现。

| 四药门花群丛 | *Loropetalum subcordatum* Association

该四药门花群丛仅发现于珠海市高栏岛，北纬 21°54′01.39″，东经113°15′21.17″ 处，海拔85m。群丛地处南坡30° 的山谷溪流旁，土壤浅黑褐色，表层疏松，腐殖质层较厚，凋落物层厚约1cm。土壤 pH 6.6，10m×20m 样方总盖度近100%。

群丛外貌呈浅黄绿色至深绿色，结构简单，层次单一，内膛密集，林冠较齐，物种较为丰富。乔木层高5~6m，优势树种为四药门花（ *Loropetalum subcordatum* ）和大头茶，散生竹叶青冈（ *Cyclobalanopsis neglecta* ）、竹节树、天料木、石斑木等植物，层盖度约85%。灌木层非常密集，以托竹为优势种，平均高约1.5m，层盖度达80%。分布有山油柑、越南叶下珠、光叶海桐、桃金娘、假桂乌口树、毛茶、毛菍等植物。地被层植物生长稀疏，有芒萁、乌毛蕨、里白属（ *Diplopterygium* sp. ）等植物；藤本植物散生有石柑子、羊角拗、夜花藤、紫玉盘、清香藤、寄生藤、买麻藤、羊角藤等，其中夜花藤、清香藤、买麻藤主要生长于林冠。

该四药门花居群面积极小，仅100m²。四药门花正值果期，尚有少许植株开着数朵花。通过对高栏岛进行为期7天的样线踏查，编者总共发现四药门花植株20株，这些四药门花植株仅见于同一山谷溪旁。鉴于四药门花在高栏岛上的居群极其狭小，建议加强对该居群的监测与保护

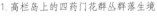

1. 高栏岛上的四药门花群丛群落生境

高栏岛上的四药门花群丛 400m² 样地立木表

物种中文名	学名	株数	相对多度	相对频度	相对显著度	重要值	生活型
四药门花	*Loropetalum subcordatum*	15	28.85	28.89	33.52	91.25	常绿灌木或小乔木
岭南山竹子	*Garcinia oblongifolia*	6	11.54	8.89	15.24	35.67	常绿乔木或灌木
大头茶	*Polyspora axillaris*	4	7.69	6.67	17.56	31.92	乔木
竹节树	*Carallia brachiata*	5	9.62	8.89	5.95	24.46	乔木
竹叶青冈	*Cyclobalanopsis neglecta*	3	5.77	6.67	4.98	17.42	常绿乔木
岭南山竹子	*Garcinia oblongifolia*	2	3.85	4.44	8.25	16.54	常绿乔木或灌木
密花山矾	*Symplocos congesta*	2	3.85	4.44	6.43	14.72	常绿乔木或灌木
天料木	*Homalium cochinchinense*	3	5.77	6.67	0.49	12.93	小乔木或灌木
红茴香	*Illicium henryi*	3	5.77	4.44	1.44	11.66	灌木或乔木
虎皮楠	*Daphniphyllum oldhamii*	2	3.85	4.44	0.86	9.15	乔木或小乔木
山油柑	*Acronychia pedunculata*	1	1.92	2.22	2.22	6.36	常绿小乔木或灌木
变叶榕	*Ficus variolosa*	1	1.92	2.22	0.35	4.49	常绿灌木或小乔木
长花厚壳树	*Ehretia longiflora*	1	1.92	2.22	0.29	4.43	乔木
桃金娘	*Rhodomyrtus tomentosa*	1	1.92	2.22	0.22	4.36	常绿灌木
假桂乌口树	*Tarenna attenuata*	1	1.92	2.22	0.13	4.27	灌木或乔木
箣柊	*Scolopia chinensis*	1	1.92	2.22	0.13	4.27	常绿小乔木或灌木

1 | 2

1. 高栏岛上的四药门花群丛群落结构
2. 高栏岛上的四药门花群丛群落结构

1. 高栏岛上的四药门花群丛中的优势种四药门花
2. 高栏岛上的四药门花群丛林下草本层
3. 高栏岛上的四药门花群丛群落结构

窿缘桉（*Eucalyptus exserta*）为桃金娘科桉属常绿乔木，高 15~18m。原产澳大利亚东部沿海地区，在我国热带海岛地区栽培较广，常为路口、村后、庭院、寺庙以及坟墓周围等地的"风水林"。我国热带海岛地区的窿缘桉群系虽为人工栽培群落，但在长期的封育保护过程中，该群落类型已较适应该地区自然生态环境，林分年龄较长，基本保持着自然的演替发展方式，其树种组成及群落结构与天然林的林分已十分相似。

| 窿缘桉群丛 | *Eucalyptus exserta* Association

本群丛常见于我国热带海岛海拔 5~40m 的村边山坡，代表群丛位于龙穴岛，北纬 22° 41′ 35.52″，东经 113° 38′ 40.92″，海拔 19.6m，为典型的村边风水林。群丛东面及东北面朝海，坡向朝东，坡度 3°，土壤浅黄褐色，腐殖质层和凋落物层均较厚，土壤 pH6.5。20m × 20m 群丛总盖度近 100%。

群丛外貌鲜绿色至亮绿色，林冠不整齐。群丛结构较复杂，物种丰富，层次明显。乔木层分为明显的两层：第一层为窿缘桉，其树体十分高大，高达18m，平均胸径 38cm，树冠开展，种盖度约 70%；第二层物种较丰富，可见数株白楸、马尾松、土蜜树、台湾相思、苦楝等星散分布于窿缘桉林下，其中白楸平均胸径 24cm，平均高度 12m；马尾松平均胸径 15cm，平均高度 8m；土蜜树平均胸径 10cm，平均高度 7m；台湾相思平均胸径 20cm，平均高度 7.5m，苦楝平均胸径 25cm，平均高度 8m。灌木层高 2~3m，种类丰富但数量较少，白楸幼苗、台湾相思幼苗、大青、破布叶、白饭树、假鹰爪、豺皮樟、米碎花、银柴、毛果算盘子、秤星树、白背叶、马缨丹等散布其间。草本层于林下及林缘成片生长，物种较少，其中，鬼针草、藿香蓟于林缘野蛮生长，地桃花、黄花稔等长势低矮，芒萁、扇叶铁线蕨等散布其中。藤本种类较少，入侵植物薇甘菊疯狂覆盖于乔木第二层及灌木层之上，还有鸡眼藤、锡叶藤、酸藤子等生长于林缘。

此群丛中的窿缘桉系人工栽培，

1. 窿缘桉群丛群落生境

已是数十年至数百年的老树，林下不见窿缘桉的幼苗，却有较多的白楸、台湾相思幼苗，说明群丛中的窿缘桉无法自然更新，群丛地位将逐渐降低。若没有人为干扰，随着时间的推移，该群丛中的优势种窿缘桉极有可能被白楸、台湾相思等自然更新能力较强的树种取代。此外，若需长期维持该群丛"风水林"的功能，需注意对群丛内的入侵植物薇甘菊、鬼针草、藿香蓟等加以防除。

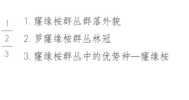

1　1. 窿缘桉群丛群落外貌

2　2. 罗窿缘桉群丛林冠

3　3. 窿缘桉群丛中的优势种—窿缘桉

红树林

Mangrove Forest

红树林是生长在热带、亚热带海岸潮间带附近的一种热带常绿落叶阔叶林，其群落高度变化差异极大，可由仅有 2m 的小灌丛到 30m 甚至更高的森林组成。红树林既可以指生长在热带海漫滩上的植物种类的生态组合；也可以指由这些种类所组成的植物群落（吴征镒，1980）。红树林植物因长期生长在海潮周期性淹没的环境中，一般都具有支柱根、呼吸根、板根等地上根系，具有胎生、泌盐、高渗透压等特殊的生理生态适应性，如红海榄、秋茄树、木榄等。这些特征使得红树林植物能够适应在海滩上繁殖以及远距离种子传播（黄庆昌 等，1993；苏锦顺 等，2006）。

红树林作为热带海岛、海岸潮间带上的特殊生态系统，具有防风固堤、促淤造陆、净化空气和海水等作用，具有极大的生态价值。红树林内部水流平缓，物种丰富，为该生态系统中的各种生物提供了丰富的食物来源，有利于鱼类等水生动物的繁殖，这恰好给海水养殖业的发展提供了得天独厚的优质环境。由于红树林凋落物量大，立木密集，为各种生物提供了大量食物，进而吸引了大量鱼类、鸟类的光顾和繁殖，从而增加和强化了红树林物种的多样性，使红树林更具观赏性，有利于旅游业的发展。同时，红树林还拥有丰富的物种基因，为构建基因库、研究物种的演化提供了不可多得的素材，具有极高的科研价值。此外，其中不少红树林树种还能入药，红树林主要树种在治病、保健方面的应用目前已有许多专家研究（苏锦顺 等，2006）。

但是，近年来由于人类工农业的发展，使得红树林遭受到了较为严重的破坏。主要表现在天然红树林面积大幅度减少、水环境污染和红树林生物物种的衰减等方面。其中，人为干扰是导致天然红树林面积减少的主要原因（雷振胜 等，2008）。

我国现存的天然红树林主要分布于广东、海南、广西沿海，受威胁状况严重，亟需加强保护。此外，在我国台湾和福建沿海亦有少量天然或人工种植的红树林。中国热带海岛内仅在淇澳岛、特呈岛、新寮岛、海陵岛等岛屿发现有分布，共有 4 群系 5 群丛。

银叶树（*Heritiera littoralis*）因其叶背密被银白色鳞秕，在阳光下酷似银叶得名，为锦葵科银叶树属乔木，高可达10m。分布于广东、广西、海南、云南、香港和台湾等地。具抗风、耐盐碱、耐水浸的特性，既能生长于滨海潮间带，又能生长在陆地上。本种为我国热带海岸红树林树种之一。

| 银叶树 + 海漆 + 无瓣海桑群丛 | *Heritiera littoralis+ Excoecaria agallocha+ Sonneratia apetala* Association

本群丛常见于淇澳岛海拔 -10m 左右的临海湿地，代表群丛位于淇澳岛红树林景区，北纬 22° 25′ 44.46″，东经 113° 37′ 41.67″，海拔 -8m。地势平坦，土层软湿，土壤黑褐色，pH 5.8，凋落物层较薄，腐殖质层厚。群丛总盖度约 92%。

群丛外貌翠绿色到暗绿色，成片的银叶树给群丛增加了银白的色彩，地面直立生长着大量无瓣海桑（*Sonneratia apetala*）的笋状呼吸根，海边招潮蟹活动极为活跃。群丛结构简单，物种稀少，林冠不齐，层次较明显。乔木层分为明显的两层，优势种银叶树（*Heritiera littoralis*）、无瓣海桑、海漆（*Excoecaria agallocha*）按规则排列聚生。第一层无瓣海桑高 10 ~ 14m，最大胸径达 36cm，层盖度约 30%。第二层银叶树、海漆高 7 ~ 8m，银叶树最大胸径达 15cm，层盖度约 60%。灌木层高 1.5 ~ 4m，优势种为秋茄树（*Kandelia obovata*）、桐花树（*Parmentiera cerifera*），散生有少量的老鼠簕（*Acanthus ilicifolius*）和芦苇（*Phragmites australis*），层盖度约 20%。地被层较茂密，优势种为卤蕨（*Acrostichum aureum*）和老鼠芳（*Spinifex littoreus*），高约 0.5m，层盖度达 35%。藤本稀少，偶见鱼藤（*Derris trifoliata*）分布。

1. 银叶树 + 海漆 + 无瓣海桑群丛群落外貌

1. 银叶树＋海漆＋无瓣海桑群丛群落结构

2. 银叶树＋海漆＋无瓣海桑群丛群落结构

3. 银叶树＋海漆＋无瓣海桑群丛林下无瓣海桑的笋状呼吸根

4. 银叶树＋海漆＋无瓣海桑群丛林下的卤蕨

卤蕨（*Acrostichum aureum*）为凤尾蕨科卤蕨属大型蕨类，最高可达 2m。分布于广东、广西、海南、云南和香港。生于海岸边泥滩或河岸边。该种具有较高的观赏价值，作为园艺物种栽培具较大的发展潜力。

| 卤蕨 + 秋茄树群丛 | *Acrostichum aureum+ Kandelia obovate* Association

本群丛常见于淇澳岛海拔 -10m 左右的海滨近海湿地，代表群丛位于淇澳岛红树林景区，北纬 22° 25′ 48.73″，东经 113° 37′ 45.82″，海拔 0m。地势平坦，土层软湿，土壤黑褐色，pH 6.0，凋落物层较薄，腐殖质层厚。地表面弧边招潮蟹活动频繁，群丛总盖度近 100%。

群丛外貌深绿色，林冠一大片秋茄树开着白花。群丛结构简单，林冠整齐，层次不明显。以卤蕨、秋茄树为优势种，高 2 ~ 2.5m，在 10m × 10m 的群丛内，两者盖度均达 50%。此外分布有少量的芦苇、老鼠簕、桐花树。

此群丛主要分布于红树林的外围，从整体来看，这是一个非常单一的群丛。

1. 卤蕨 + 秋茄树群丛群落外貌

1   1. 卤蕨＋秋茄树群丛草本层
2   2. 卤蕨＋秋茄树群丛的优势种—卤蕨

海榄雌（*Avicennia marina*）俗名白骨壤、咸水矮让木，为爵床科海榄雌属灌木，高 1.5～6m。枝条有隆起条纹；叶片革质，卵形至椭圆形，表面有光泽。聚伞花序紧密成头状，花小。苞片、萼片和花冠的外面均有绒毛。花冠黄褐色。果实近球形。花果期 7—10 月。产福建、台湾、广东。生长于海边和盐沼地带，常为组成海岸红树林的植物种类之一。非洲东部至印度、马来西亚、澳大利亚、新西兰也有分布。果实浸泡去涩后可炒食，也可作饲料，又可治痢疾。

| 海榄雌 + 红海兰群丛 | *Avicennia marina* + *Rhizophora stylosa*
Association

本群丛常见于我国热带海岛海滨潮间带滩涂区，代表群丛位于新寮岛，北纬 20° 34′ 51.08″，东经 110° 27′ 38.63″，海拔 0m。地势平坦，土层软湿，土壤黑褐色，凋落物层和腐殖质层较薄。

群丛外貌：边缘为海榄雌的灰绿色，中间为红海兰（*Rhizophora stylosa*）的深绿色。群丛结构简单，林冠不齐，郁闭度可达 85%。群丛可分为明显的两层：第一层高约 2m，其中红海兰为绝对优势种，生长较为密集，层盖度约 40%。第二层高约 0.7m，主要生长于群丛的外围，可见密集生长的海榄雌，散生有少量的桐花树、无瓣海桑和秋茄等，层盖度约 40%。在群丛的外围生长有老鼠芳、厚藤、艾堇、狗牙根和龙爪茅等草本。

1 | 2　1. 海榄雌 + 红海兰群丛群落生境和外貌
　　　2. 海榄雌 + 红海兰群丛群落生境和外貌

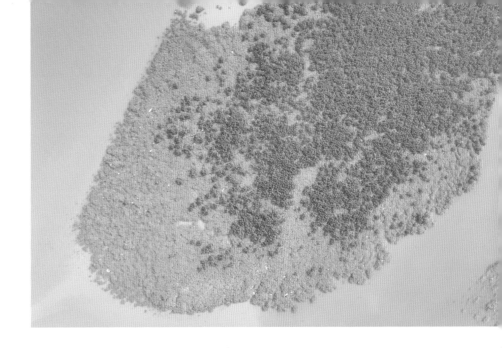

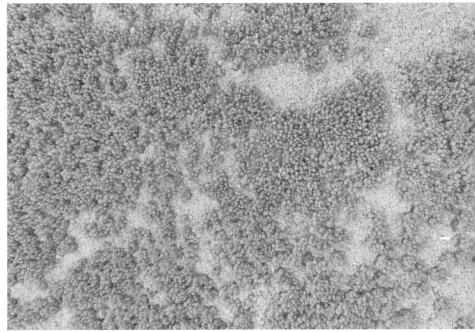

1　1. 海榄雌 + 红海兰群丛群落生境和外貌

2　2. 海榄雌 + 红海兰群丛群落结构

3　3. 海榄雌 + 红海兰群丛中的红海兰

　　本群丛常见于我国热带海岛海拔 0m 左右的海湾及海滨潮间带滩涂区，代表群丛位于上川岛庙湾，北纬 21° 40′ 55.20″，东经 112° 46′ 47.28″，海拔 1.8m。地势平坦土层软湿，土壤黑褐色，凋落物层和腐殖质层均较薄。

　　群丛外貌鲜绿色。群丛结构简单，林冠整齐，层次不明显。群丛郁闭度约 90%，以灌木层的海榄雌和蜡烛果（*Aegiceras corniculatum*）为优势种，海榄雌平均高约 3m，盖度约 55%；蜡烛果平均高约 2.5m，盖度约 40%。秋茄树散布于群落中，高达 3m，盖度约 5%。林下有小片苦郎树和老鼠簕分布，平均高约 1.2m。鱼藤、龙珠果等藤本成片攀援覆盖于灌木层之上。林缘残存有数株无瓣海桑，平均高约 6m。

1 | 2　1. 海榄雌 + 蜡烛果群丛群落外貌
　　　2. 海榄雌 + 蜡烛果群丛群落外貌

1   1. 海榄雌 + 蜡烛果群丛群落外貌

2   2. 海榄雌 + 蜡烛果群丛中的蜡烛果

无瓣海桑为千屈菜科海桑属常绿乔木，常生于海岸泥滩上或海水中，高达15m。树干基部周围生长出很多与水面垂直而高出水面的笋状呼吸根，最高可达1.5m。小枝下垂；叶片基部楔形，先端钝；聚伞花序有3～7朵花，花萼绿色，无花瓣，花丝白色。花期5—12月；果期8月至次年4月。原产于孟加拉国、印度、缅甸、斯里兰卡等国，上世纪八十年代引入海南，现广东、海南等地栽培作为红树林造林树种。

| 无瓣海桑群丛 | *Sonneratia apetala* Association

本群丛常见于珠江口海区沿海岛屿岸边，常常作为海滨红树林生态修复的先锋群落（昝启杰 等，2003）。代表群丛位于龙穴岛洲仔头水中，北纬22°54′38.17″，东经113°33′08.06″，海拔5.8m。

群丛外貌鲜绿色至深绿色，林冠整齐。群落结构十分简单，层次明显，物种稀少。乔木层可见鲜绿色的无瓣海桑和深绿色的海桑（*Sonneratia caseolaris*）相间分布，以无瓣海桑为优势种。无瓣海桑平均胸径16cm，平均高约6m，盖度约60%。海桑平均胸径18cm，平均高约6m，盖度约10%。灌木层优势种为桐花树，平均高1.6m，盖度约20%。苦郎树在灌木层中披散生长，盖度约20%。秋茄树仅见2株。此外，灌木层中有较多的无瓣海桑幼苗，说明该群落能够较好地自然更新。草本层仅见老鼠簕小片生长于海边，盖度约15%。藤本植物可见鱼藤和小刀豆稀疏生长于海边。

此群丛在我国珠江口海区海岛及其附近的大陆海岸较常见，广东省曾大量引种无瓣海桑和海桑两种植物作为海滨红树林修复的先锋树种。它们适应力强、生长迅速，在一些立地条件恶劣的滩涂地带，造林效果较好。但同时也应该注意到，无瓣海桑和海桑作为外来物种引入，存在生物入侵风险（刘彩虹 等，2020）。应加强对该类群落动态的跟踪监测，防范其对本土红树植物可能产生的不利影响。

1. 无瓣海桑群丛群落外貌

1
—
2
—
3

1. 无瓣海桑群丛群落外貌
2. 无瓣海桑群丛群落结构
3. 无瓣海桑群丛中的海桑

灌丛
Shrub

　　《中国植被》中，灌丛包括一切以灌木占优势所组成的植被类型。群落高度一般低于 5m，盖度大于 30% ~ 40%。它与森林的区别不仅在于高度不同，更为主要的是灌丛建群种多为簇生的灌木生活型。灌丛的生态适应幅度较森林广，在气候过于干燥或寒冷、森林难以生长的地方，灌丛却能很好地生长。灌丛在我国分布很广，从热带到温带，从海边到 5000m 左右的高山都有分布，而且灌丛在防风固沙、护田、固堤、保持水土、改善环境等方面作用巨大。《中国植被》根据群落结构特征、种类组成、外貌特点以及生态地理分布的特点，将灌木群落划分为常绿针叶灌丛，常绿草叶灌丛、落叶阔叶灌丛、常绿阔叶灌丛和灌草丛五个植被型（吴征镒，1980）。

　　我国热带海岛的植被类型中，灌丛主要包括分布于沿海强风地带的海滨常绿阔叶灌丛、分布于低矮山地上的被人为破坏后自然恢复的灌草丛和山地常绿阔叶灌丛。中国热带海岛有些岛屿已经被旅游开发，人为干扰活动增加，其特有的灌丛植被应当受到足够的保护。

海滨常绿阔叶灌丛
Coastal Evergreen Broad—leaved Shrub

在海岛沙滩的远海面或者迎海面的山坡上，通常分布着种类组成较少、优势种突出、群落结构简单的灌木群落，此类型的群落被称为海滨灌丛。海滨灌丛的高度一般为 2m 左右，植株密度较大，分枝多而低矮。海滩的砂土含盐量较高，故组成的植物种类多为耐盐碱和抗风力较强的阳性常绿灌木，其叶子多为肉质或长有密刺，如草海桐、露兜树等。海滨灌丛是受近海特殊生境影响所形成的特殊植被群落，仅具有小范围内的地域性，故未将其列为地带性植被类型。加之海滨灌丛往往较少受到人为干扰，具有原生代表（澳门植被志，2014）。

中国热带大陆性岛屿上的海滨灌丛只有常绿阔叶灌丛，主要分布于迎海面的山坡上，共有 9 群系 13 群丛。

| 草海桐群系 | *Scaevola taccada* Formation

草海桐（*Scaevola taccada*）为草海桐科草海桐属常绿灌木，或为小乔木，高可达 7m，枝中空。叶螺旋状排列，集生于枝顶，颇似海桐花属植物。聚伞花序腋生，花冠白色或淡黄色。核果卵球状，白色。花果期 4—12 月。产广东、广西、海南、台湾和福建。因其生长迅速，具有较强的抗盐性，是海岸固沙、抗风浪的优良树种。

草海桐广泛分布于我国热带海岛上，是海滨常绿阔叶灌丛的建群种之一，从海滨高潮线直至岛的中部甚至山顶（如珠江口的杉洲岛）都有出现，但以生长在沿岛沙堤及其内侧的最为茂盛常见。我国热带大陆性岛屿上的草海桐群系包括两个群丛：草海桐群丛（*Scaevola taccada* Association）和草海桐+鹅掌柴群丛（*Scaevola taccada*+ *Schefflera heptaphylla* Association），群落外貌终年常绿，林冠不整齐，草海桐占绝对优势，植株生长密集。这与我国热带珊瑚岛常绿林中的草海桐群系十分相似。

1. 中国热带大陆岛典型海滨常绿阔叶灌丛—草海桐群丛

代表群丛位于大镬岛上北纬 21°38′51.49′，东经 112°07′30.34″处，海拔 5m，为海滨岩石灌丛。

群丛外貌终年黄绿色至青绿色，花、果期主要片层开白色花、结白色果，如星般点缀其间，赋予群丛丰富的季相。群丛林冠不齐，呈波浪状起伏，植物生长密集，盖度约 80%。群丛结构简单，物种较少。灌木层以草海桐为绝对优势种，其他有露兜树、刺葵（*Phoenix loureiroi*）和许树（*Clerodendrum inerme*）等，盖度高达 75%。草本层优势种为双穗雀稗（*Paspalum distichum*），生长于灌木的缝隙间，偶见阔苞菊，南美蟛蜞菊（*Sphagneticola trilobata*）和鬼针草等，层盖度约 15%。藤本除零星的鸡矢藤、匙羹藤（*Gymnema sylvestre*）等外，草海桐林冠上还覆盖有大量无根藤（*Cassytha filiformis*），层盖度约 10%。

该地点的风浪较大，因此植被整体比较低矮。

1. 草海桐群丛群落生境

1
—
2
—
3

1. 草海桐群丛群落外貌

2. 草海桐群丛群落结构

3. 草海桐群丛建群种—草海桐的白色果实

| 草海桐 + 鹅掌柴群丛 | *Scaevola taccada+ Schefflera heptaphylla* Association

　　本群丛常见于中国热带海岛海岸线石山坡，代表群丛位于担杆岛担杆中，北纬 22°02′34.85″，东经 114°15′09.69″处，海拔 3m。北风迎风坡，土壤稀薄呈浅黑褐色，含砂量较大，凋落物稀疏，腐殖质层极薄。

　　代表群丛主要呈浅黄绿色，鹅掌柴的暗绿色叶点缀其中，群丛结构简单，物种稀少，层次不明显。在 100m² 样方中，群丛位于大岩石包围之中的小块平地，一部分呈三角状，面积 20m²，另一部分呈菱形，面积 20m²。群丛高度较整齐，高约 0.4m，草海桐占绝对优势，数十株鹅掌柴点缀其间。有少量的米碎花、石斑木、毛菍、虎皮楠、豺皮樟、桃金娘和酒饼簕（*Atalantia buxifolia*）分布。草本植物有粗毛鸭嘴草（*Ischaemum barbatum*）和山麦冬，数量较少。藤本稀少，仅见有青江藤和土茯苓分布。

1　1. 草海桐 + 鹅掌柴群丛群落生境
2　2. 草海桐 + 鹅掌柴群丛群落外貌

露兜树（*Pandanus tectorius*）别名露兜簕，为露兜树科露兜树属灌木或小乔木，常左右扭曲，具气生根，叶簇生于枝顶。产福建、台湾、广东、海南、广西、贵州和云南等省区，生于海边沙地。

| 露兜树群丛 | *Pandanus tectorius* Association

本类型常见于中国热带海岛海岸高潮线之上，代表群丛位于大镬岛，北纬21°38′56.87″，东经112°07′48.68″处，海拔5m。群丛位于海滩砂带之上，土壤较薄，含沙量大，含盐量较高，凋落物层和腐殖质层较薄。

群丛外貌终年黄绿色至深绿色。群丛林冠不齐，灌木层明显高于草本层2～3m左右，物种生长密集，结构简单，层次明显。灌木层高0.5～3.5m，优势种为露兜树，其呈大丛状密集生长，草海桐和马缨丹有零星分布，层盖度约30%。草本层以鬼针草、大白茅（*Imperata cylindrica* var. *major*）、铺地黍（*Panicum repens*）和孪花菊（*Wollastonia biflora*）居多，其他有单叶蔓荆（*Vitex rotundifolia*），五节芒（*Miscanthus floridulus*）等，层盖度达50%。藤本常见粉葛（*Pueraria montana* var. *thomsonii*）和过江藤（*Phyla nodiflora*），无根藤有少量分布，群丛地位不明显。

此群丛紧邻海边，植物生长密集，加之生态入侵种鬼针草泛滥和受海边特别气候的影响，推测其在短时间内很难突破现有格局而进一步演替。

1. 露兜树群丛群落生境

1. 露兜树群丛群落外貌

2. 露兜树群丛群落结构

3. 露兜树群丛建群种—露兜树

| 露兜树 + 草海桐群丛 | *Pandanus tectorius + Scaevola taccada* Association

　　本群丛常见于中国热带海岛临海岸线石山坡，代表群丛位于担杆岛担杆中后卫附近的临海岸线处，北纬22° 02′ 49.00″，东经114° 15′ 59.57″，海拔5m。坡面向北，是北风迎风坡，坡度20°，土壤黑色，pH 4.9，凋落物层和腐殖质层较薄。

　　代表群丛外貌黄绿色至深绿色，可分为两层：第一层是平均高1.2m的露兜树；第二层是以草海桐为主的低矮灌木，平均高0.5m。群丛植物生长非常密集，物种较稀少，结构简单。样方一部分是裸露的岩石块，群丛郁闭度约85%。在100m² 样方中，露兜树占绝对优势，其次是草海桐，露兜树生长密集而草海桐分布较散。在露兜树周围，草海桐、鹅掌柴、豺皮樟、石斑木、笔管榕等分布较多而疏散，此外亦有芦苇、许树、白子菜等分布较密集。夜花藤、青江藤、匙羹藤、海金沙等藤本攀爬于灌丛表面，盖度达20%。

1. 露兜树 + 草海桐群丛群落外貌

此群丛常见于担杆岛高潮线以上沙滩与石灰岩山地接壤地带。代表群丛位于担杆岛担杆尾，由于偶尔有游客活动，近海一侧的植被受到一定程度的人为干扰，有游客在露兜树下遮阴，留有部分白色垃圾，可能影响到植物生长和群落发育。

群丛季相变化不明显，呈深绿色。群落分层不明显，郁闭度高，物种比较单调，露兜树和血桐伴生，重叠较少，两个物种占据群丛的绝对优势。该群丛紧邻高潮线，环境独特，优势物种露兜树和血桐属于半红树植物，对高盐碱环境具有较强的适应能力，其他物种不具备更强的竞争能力，因此群丛的发展可能处于较顶级的阶段。露兜树高达 3m，丛生状，外观呈半球形，中部高于边缘，深绿色，占据群丛一半以上的面积，郁闭度极高，树冠以下凋落物极少，几乎没有其他草本植物生长，偶见毛柱铁线莲（*Clematis meyeniana*）、娃儿藤、鸡矢藤、木防己等少量藤本攀爬至树冠。血桐紧邻露兜树而生，略高于露兜树，达 4m，盖度约 40%，郁闭度不及露兜树，树冠以下有厚达 8cm 的凋落物。血桐树冠以下有稀疏灌丛，盖度约 5%，高1~2m，主要物种有九节、假苹婆、五月茶（*Antidesma bunius*）、土蜜树（*Bridelia tomentosa*）、鹅掌柴、花椒（*Zanthoxylum bungeanum*）、小果叶下珠、潺槁树、山石榴，树冠下草本极少，仅在露兜树和血桐树冠周围分布有海芋、淡竹叶（*Lophatherum gracile*）以及入侵植物阔苞菊。

1. 露兜树 + 血桐群丛群落外貌

1.露兜树＋血桐群丛林下草本和藤木

2.露兜树＋血桐群丛群落结构

本群丛常见于中国热带海岛海边沙地，代表群丛位于荷包岛大南湾，北纬21°51′23.57″，东经113°09′16.99″，海拔6m。地势平坦，土壤为灰黄色的沙质土，pH6.6，凋落物和腐殖质几无。10m×10m群丛总盖度约80%。群丛外貌呈深绿色，枝条开展，植株生长密集。群丛林冠参差不齐，物种稀少，结构简单，层次不明显。群丛总体高度约1.5m，羊角拗和潺槁树高于2m而显露于群丛林冠，木本优势种为无患子科（Sapindaceae sp.）植物和露兜树，草本优势种为老鼠芳（*Spinifex littoreus*），散生有少量鸦胆子、酒饼簕、单叶蔓荆、仙人掌（*Opuntia dillenii*）、林刺葵、黑面神等木本植物。藤本偶见海岛藤（*Gymnanthera oblonga*）、雀梅藤、勾儿茶（*Berchemia sinica*）分布。

该群丛既具有沙地草丛的性质，也有沙地灌丛的特点，整体表现为逐渐向沙地灌丛过渡的特征。

1.露兜树 + 无患子科 + 老鼠芳群丛群落生境

1.露兜树 + 无患子科 + 老鼠芳群丛群落外貌

2.露兜树 + 无患子科 + 老鼠芳群丛群落外貌

| 水芫花群系 | *Pemphis acidula* Formation

　　水芫花（*Pemphis acidula*）为千屈菜科水芫花属多分枝小灌木，高约 1m，有时呈小乔木状，高达 11m。花白色或粉红色。产海南和台湾南部，在中国热带大陆性岛屿上偶见其成为海滨常绿灌丛建群种。

　　我国热带大陆性岛屿上的水芫花群系仅包含 1 个群丛：水芫花群丛（*Pemphis acidula* Association）。群落结构简单，灌木层优势种水芫花植株生长密集，植株矮小，无明显层次；草本层具有多种禾草。这与我国热带珊瑚岛常绿林中的水芫花群丛十分相似，但后者群落组成和结构更加单一，草本层仅见细穗草一种。

| 水芫花群丛 | *Pemphis acidula* Association

　　本群丛一般分布于海岸边大面积岩石之上，阳光强烈，土层薄弱，几无腐殖质，有机质含量很低，生境极为干旱。因所在地常风大，植物一般呈低矮丛状生长，叶小，肉质化程度高，分枝密集，人难以通行。代表群丛位于大洲岛，北纬 18° 40′ 38.17″，东经 110° 29′ 29.74″ 处，海拔 3m，处于海岸迎风面。

　　群丛外貌呈黄绿色，其中镶嵌着大块裸露的黄白色石块，春夏季时水芫花开白色小花点缀其间。群丛结构简单，物种生长密集，层次不明显，总盖度可达 75%。灌木层仅由水芫花一种植物组成，植株矮小，常成群生长，高度不及 70cm，树干弯曲，分枝多而密集，形成酷似帚形的树冠。群丛远海一侧可见小片草海桐和露兜树等生于石缝之间。草本层以禾本科（Poaceae spp.）为主，夹杂于灌丛之间，藤本仅见单叶蔓荆一种。

1. 水芫花群丛群落生境

2. 水芫花群丛群落外貌

| 豺皮樟群系 | *Litsea rotundifolia* var. *oblongifolia* Formation

豺皮樟（*Litsea rotundifolia* var. *oblongifolia*）俗名白叶仔、嗜喳木，为樟科木姜子属圆叶豺皮樟的变种，常绿小乔木或灌木。分布于中国广东、广西、湖南、江西、福建、台湾、浙江。生长在海拔800m以下丘陵下部的疏林中或山地路旁灌木林中。

| 豺皮樟群丛 | *Litsea rotundifolia* var. *oblongifolia* Association

本群丛为典型的海滨常绿阔叶灌丛，常见于中国热带海岛海拔100m以下的山地，代表群丛位于担杆岛后卫附近，北纬22°02′44.59″，东经114°16′01.47″，海拔74m。坡面向北，坡度40°，群丛内有数块大体量的花岗岩。土壤浅黑色，pH 3.0，凋落物层和腐殖质层较厚。

代表群丛呈深绿色，群丛林冠较齐，平均高度约2m，植株生长非常密集，种类较少，群丛郁闭度约90%。在100m²样方中，豺皮樟占绝对优势，数量约60株，种盖度约75%。山油柑、假苹婆、变叶榕、毛茶、酒饼簕有少量分布。地被层几乎没有植物，仅在开敞处分布有细毛鸭嘴草（*Ischaemum ciliare*），灌丛内有屈指可数的山麦冬。藤本以紫玉盘、亮叶鸡血藤为主，呈少量覆盖于灌丛上。

1. 豺皮樟群丛群落生境

1. 豹皮樟群丛群落外貌

2. 豹皮樟群丛群落结构

3. 豹皮樟群丛林下草本层

| 黄槿群系 | *Hibiscus tiliaceus* Formation

　　黄槿（*Hibiscus tiliaceus*）又名万年春，是锦葵科木槿属常绿灌木或乔木，高 4~10m。在我国分布于台湾、广东和福建等省。在广州及广东沿海地区小城镇多栽培作行道树。

| 黄槿 + 虎皮楠群丛 | *Hibiscus tiliaceus+ Daphniphyllum oldhamii* Association

　　本群丛常见于担杆岛海拔 100m 以下的海滨茂密灌丛，代表群丛位于担杆岛担杆中后卫附近海边，北纬 22°02′49.59″，东经 114°16′01.15″，海拔 4m。坡面向北，是北风迎风坡，地势平坦。土壤黑色，pH 5.2，凋落物层和腐殖质层较薄。

　　群丛外貌黄绿色到深绿色，季相变化明显，夏季主要片层开黄花，又因为海金沙大片枯死而呈现一定的枯黄色。群丛结构简单，林冠较齐，层次不明显，郁闭度约 95%。灌木高 1~2m，生长非常密集，物种较稀少。在 100m² 样方中，优势种是黄槿和虎皮楠，桃金娘、豺皮樟、石斑木、鹅掌柴等也有较多数量。由于灌丛茂密，盖度较大，地被层几乎没有植物，仅在群丛外缘分布有少量粗毛鸭嘴草（*Ischaemum barbatum*）。藤本物种较少，以海金沙为主，另外有少量的土茯苓、酸藤子、蔓九节、鸡眼藤、华南忍冬。

1. 黄槿 + 虎皮楠群丛群落外貌

| 灌丛潺槁树群系 | Shrub *Litsea glutinosa* Formation

潺槁树（*Litsea glutinosa*）又名潺槁木姜子，属樟科木姜子属常绿乔木，高可达 15m。分布于广东、广西、福建及云南南部。生长于海拔 500 ~ 1900m 的山地林缘、溪旁、疏林或灌丛中。该种是优良的乡土绿化、生态公益林和景观林带树种。

| 潺槁树 + 对叶榕群丛 | *Litsea glutinosa+ Ficus hispida* Association

本群丛见于中国热带海岛海边茂密灌木林，代表群丛位于荷包岛荷包村后山海滩，北纬 21°52′32.16″，东经 113°09′46.60″，海拔 2m。地势平坦，土壤浅褐色，pH 6.8，凋落物层厚达 3cm，腐殖质层较厚。10m×10m 群丛总盖度近 100%。

群丛外貌深绿色，外围正值蔓荆花果同现期，远远可见其蓝紫色花朵和黑色的果实，林冠藤本密集覆盖，内膛极茂密。群丛林冠较齐，物种稀少，结构复杂，层次不明显。灌木层高 2.5 ~ 3.5m，潺槁树和对叶榕为优势种，树体矮小，托竹（*Pseudosasa cantorii*）茂密生长于内膛。伴生种为土蜜树、酒饼簕、鹅掌柴、黑面神、黄槿、血桐，其中黄槿、血桐在此群丛周围发展为建群种。灌木层盖度达 90%。地被植物优势种为南美蟛蜞菊，伴生草本植物为芒（*Miscanthus* sp.），层盖度 25%。藤本主要覆盖于林冠，以小果葡萄占优势，种盖度达 25%，伴生有厚藤、鸡矢藤、海刀豆、黄独、匙羹腾、土茯苓等。

此群丛紧邻海边，植物生长密集，木本植物受藤本缠绕的影响极大，加之生态入侵种南美蟛蜞菊泛滥，又受到海边特殊气候的影响，该群丛短时间很难突破现有格局而实现自身的发展。

1. 潺槁树 + 对叶榕群丛群落生境

1.潺槁树＋对叶榕群丛群落外貌
2.潺槁树＋对叶榕群丛群落外貌
3.潺槁树＋对叶榕群丛林冠层

中国热带大陆岛海滨常绿阔叶灌丛中的鹅掌柴群系仅包括一个群丛：鹅掌柴群丛（*Schefflera heptaphylla* Association）。与中国热带大陆岛常绿阔叶林中的鹅掌柴群系相似，建群种均为鹅掌柴，林冠不整齐，结构较复杂，物种较丰富，层次明显。所不同的是，海滨常绿阔叶灌丛中的鹅掌柴群系位于滨海平地密林；鹅掌柴处于乔木层上层，高度较高。而常绿阔叶林中的鹅掌柴群系位于海岛山坡密林；群落结构更加复杂，鹅掌柴处于乔木层第二层，高度较低。

| 鹅掌柴群丛 | *Schefflera heptaphylla* Association

本群丛常见于中国热带海岛滨海平地密林，代表群丛位于南澳岛，北纬23°26′53.26″，东经116°59′15.26″，海拔295m。土壤湿润呈黑色，表层疏松，土粒含砂，凋落物多，腐殖质极薄，多为枯枝落叶，土壤pH 6.5。20m×20m群丛总盖度约95%。

1. 鹅掌柴群丛群落生境

群丛外貌深绿色，主要片层于秋冬季节开大片黄白色小花，林冠较整齐，结构简单，物种较丰富，层次明显。乔木层高9～10m，鹅掌柴占绝对优势地位。另散生有尾叶桉（*Eucalyptus urophylla*）、台湾相思、簕欓花椒和珊瑚树等，层盖度约80%。林间稀疏分布有一些小灌木，高1.5～2m，潺槁树和野漆较多，另有亮叶猴耳环、粗糠柴（*Mallotus philippensis*）、秤星树、紫玉盘和九节等，偶见绒毛润楠（*Machilus velutina*）、赤楠、三桠苦、栀子和玉叶金花等。地被层盖度不高，偶见有菝葜、蔓九节、扇叶铁线蕨和半边旗（*Pteris semipinnata*）等。藤本亦不发达，以海金沙为优势种。

群丛处于山腰平地，林下植被稀少，群丛将在未来较长一段时间内保持原样。

1. 鹅掌柴群丛群落外貌

2. 鹅掌柴群丛群落结构

1 | 2/3/4

3. 鹅掌柴群丛林下灌木层

4. 鹅掌柴群丛乔木层优势种—鹅掌柴

| 海厚托桐群系 | *Stillingia lineata* subsp. *pacifica* Formation

海厚托桐（*Stillingia lineata* subsp. *pacifica*）常见于太平洋热带岛屿，果实成熟时内部有一空腔，可能是对海水传播种子的适应。此外，该物种更常见于滨海地带，可能对干旱、强风和高盐环境具有较好的适应性。在我国热带大陆性岛屿上，海厚托桐常生长在岩石上，与其他常见的岛屿植物一起生长在海岸附近的灌木丛中。

| 海厚托桐群丛 | *Stillingia lineata* subsp. *pacifica* Association

海厚托桐群丛仅见于万山群岛，以海厚托桐为优势物种。代表群丛位于平洲岛，海拔 13m。地势起伏，坡向西南，坡度 5°，10m×10m 群丛总盖度为90%。

群丛外貌鲜绿色，冬季或旱季海厚托桐部分落叶或颜色变黄。灌木层高1m，以海厚托桐为绝对优势，海厚托桐种盖度达 80%，散生有少数草海桐、了哥王和菊柊。草本层种类较多，山麦冬、海雀稗（*Paspalum vaginatum*）、细毛鸭嘴草、孪花菊（*Wollastonia biflora*）、粗毛鸭嘴草、刺子莞（*Rhynchospora rubra*）、阔苞菊等密集生于灌木林下和林缘，层盖度为 40%。藤本可见弓果藤、鸡眼藤、厚藤、匙羹藤伴生，盖度为 20%。

海厚托桐主要分布于太平洋热带岛屿，近年来才在我国热带海岛发现（Li et al.,2017）。我国热带海岛分布着较多的海厚托桐群丛，说明热带海洋岛屿与大陆相比可能具有特殊的植物区系成分，值得进一步研究。

1. 海厚托桐群丛群落生境

2. 海厚托桐群丛中的优势种——海厚托桐

| 海南龙血树群系 | *Dracaena cambodiana* **Formation**

　　海南龙血树又名柬埔寨龙血树、云南龙血树、山海带、小花龙血树，为天门冬科龙血树属乔木状或灌木状植物，高可达 4m 以上。圆锥花序，花绿白色或淡黄色，花期 7 月。产海南，生于林中或干燥沙壤土上。

| 海南龙血树 + 黄槿 + 露兜草 + 草海桐群丛 | *Dracaena cambodiana +Hibiscus tiliaceus +Pandanus austrosinensis +Scaevola taccada* Association

　　本群丛常见于海南省大洲岛大岭的海边迎风坡，代表样地位于北纬 18° 40′ 27.00″，东经 110° 28′ 49.00″ 处，海拔 3m。土壤黑褐色，含粗沙砾，凋落物和腐殖质层较厚。10m × 10m 群丛总盖度约 100%。

　　群丛外貌黄绿色至暗绿色，内膛密集，林冠较整齐，结构简单，物种稀少，层次不明显。群丛高 1.5 ~ 2m，优势树种为海南龙血树、黄槿、露兜草和草海桐。另散生有海漆、林刺葵、鱼尾葵（*Caryota maxima*）、酒饼簕等植物，木本层盖度约 98%。地被层被大量的枯枝落叶覆盖，生长的植物种类很少，偶见白凤菜（*Gynura formosana*）、假杜鹃、天门冬、海南茄分布。藤本植物有许树、菟丝子（*Cuscuta chinensis*）、球兰（*Hoya carnosa*）等，呈覆被生长状。

　　该群丛在大洲岛极为典型，常分布在海岸线一带往上海拔 20 ~ 50m 以内的范围。群丛中露兜草疯长，覆盖面积最大，其他植物生长空间比较有限，这样的状态不利于其自身的演替发展。尽管如此，岛上的海南龙血树仍遍布各处，长势优秀。

1. 海南大洲岛上的海南龙血树 + 黄槿 + 露兜草 + 草海桐群丛群落外貌

2.海南大洲岛上的海南龙血树＋黄槿＋露兜草＋草海桐群丛群落外貌

山地常绿阔叶灌丛
Montane Evergreen Broad—leaved Shrub

　　山地常绿阔叶灌丛一般指处于海拔较高的山顶之上的低矮灌丛群落，主要由低矮的灌木、藤本等高山植物组成，此类群落的形成主要是由海拔直接或间接引起环境的变化，使分布于此的植物呈灌木状。中国热带海岛内缺少海拔较高的高山，高山植被无从谈起，因此，中国热带海岛的山地常绿阔叶灌丛的成因与此大相径庭。其山地常绿阔叶灌丛主要是非海拔地带性的隐域植被，是人为过度干扰所形成的低山灌丛。在森林被破坏后，最先侵入的木本植物是一些低矮的灌木和一些木质藤本。这种群落物种多样性低，抗干扰能力弱，如任其自然恢复，最终会被地带性的常绿阔叶乔木所取代。

　　中国热带大陆岛山地常绿阔叶灌丛共有 9 群系 13 群丛。

| 米碎花群系 | *Eurya chinensis* Formation

　　米碎花（*Eurya chinensis*）别名矮婆茶，山茶科柃属灌木，广泛分布于江西、福建、台湾、湖南南部、广东、广西南部等地。多生于海拔 800m 以下的低山丘陵、山坡灌丛、路边或溪流沟谷灌丛中，在我国热带海岛地区极常见。

| 米碎花 + 九节 + 珊瑚树群丛 | *Eurya chinensis+ Psychotria asiatica+ Viburnum odoratissimum* Association

　　本群丛常见于担杆岛海拔 200m 附近的山坡路旁密林，代表群丛位于担杆岛南畔天北面，北纬 22°01′59.10″，东经 114°14′48.52″，海拔 212m。土壤黑色，pH 4.44，凋落物层和腐殖质层较厚。

　　群丛翠绿到深绿色，林冠较齐，米碎花分布最多，其内 5 棵珊瑚树较高大。群丛生长不密集，但冠层密集，结构较复杂，层次较明显，物种不丰富，郁闭度 93% 左右。群丛平均高度 2～3.5m，是典型的灌丛向乔木林过渡的群丛。乔木层高 3～4m，主要是珊瑚树，此外偶见簕欓花椒、天料木和鹅掌柴，层盖度 45%。灌木层密集，平均高 1.5m，以米碎花和九节为优势种，豺皮樟、腺叶桂樱、猴耳环、山蒲桃、白楸分布也较多。灌丛内有一片托竹林，盖度 30%。地被层较单薄，群丛未被覆盖处有一小片弓果黍和鸭嘴草（*Ischaemum aristatum var. glaucum*），另有二花珍珠茅（*Scleria biflora*）、乌毛蕨、华南远志（*Polygala chinensis*）、山麦冬等零散分布。藤本发达，龙须藤覆盖林冠大部分，有一定数量的土茯苓、羊角拗、海金沙、锡叶藤、紫玉盘、网络崖豆藤。

1. 米碎花＋九节＋珊瑚树群丛群落生境

$\dfrac{1}{2}$ 3

1. 米碎花 + 九节 + 珊瑚树群丛群落外貌

2. 米碎花 + 九节 + 珊瑚树群丛林下的托竹竹林

3. 米碎花 + 九节 + 珊瑚树群丛层间藤本

桃金娘（*Rhodomyrtus tomentosa*）别称岗稔，为桃金娘科桃金娘属的小灌木，高可达 2m。产台湾、福建、广东、海南、广西、云南、江西、贵州及湖南。生于丘陵坡地，两广地区极为常见，为酸性土指示植物。成熟果可食，是鸟类的天然食源。可用于园林绿化、生态环境建设等，是山坡复绿、水土保持的常用树种。

| 桃金娘 + 罗汉松 + 毛茶群丛 | *Rhodomyrtus tomentosa+ Podocarpus macrophyllus+ Antirhea chinensis* Association

本群丛常见于中国热带海岛海拔 100 ~ 200m 的小山顶，代表群丛位于二洲岛，北纬 21° 59′ 51.57″，东经 114° 11′ 49.74″，海拔 124m。土壤浅黄色，土质硬实，pH 6.8，凋落物稀少，腐殖质几无。10m × 10m 群丛总盖度约 96%。

群丛颜色多姿，外貌为黄绿色或深绿色至暗绿色，林冠整齐，密集点缀有桃金娘的果实。林冠层结构简单，物种稀少，层次不明显。灌木层高 1 ~ 1.5m，优势种为桃金娘、罗汉松、毛茶，其次以石斑木数量较多，散布有少数的簕欓花椒、类芦（*Neyraudia reynaudiana*）、越南叶下珠、雀梅藤（*Sageretia thea*）、秤星树、豺皮樟、密花树、毛菍、变叶榕（*Ficus variolosa*）、狗骨柴、黑面神、黄牛木、九节、少脉假卫矛（*Microtropis paucinervia*）等，层盖度约 85%。地被植物种类极少，优势种为粗毛鸭嘴草，种盖度约 65%。偶见山麦冬、山菅分布。藤本优势种为寄生藤、买麻藤，寄生藤长势较好，呈立木状；买麻藤覆被生长，伴生有亮叶鸡血藤、无根藤、链珠藤、土茯苓、蔓九节、华马钱、娃儿藤、海金沙等，层盖度达 20%。

罗汉松长势良好，100m² 样方内有 11 棵植株，平均胸径 2.5cm，较大的三株罗汉松胸径分别为 3.5cm、4.8cm、5cm。

此群丛位于海边迎风坡山顶，遍坡均是桃金娘林，植株低矮，唯独罗汉松高出群丛林冠，远处可见，树姿优美，苍劲挺拔。此群丛短期内桃金娘的优势地位难以改变。

1. 桃金娘 + 罗汉松 + 毛茶群丛群落生境—担杆岛

1. 桃金娘＋罗汉松＋毛茶群丛群落生境—二洲岛

2. 桃金娘＋罗汉松＋毛茶群丛群落外貌—担杆岛

3. 桃金娘＋罗汉松＋毛茶群丛中的罗汉松盗坑—担杆岛

岗松（*Baeckea frutescens*）为桃金娘科岗松属灌木，产于福建、广东、广西及江西等省区。喜生于低丘及荒山草坡与灌丛中，是酸性土的指示植物。原为小乔木，因经常被砍伐或火烧，多呈小灌木状。

| 岗松＋大头茶＋密花树群丛 | *Baeckea frutescens＋ Polyspora axillaris＋ Myrsine seguinii* Association

本群丛常见于中国热带海岛海拔 200m 以下的路旁山腰，代表群丛位于荷包岛蝴蝶谷，北纬 21° 51′ 31.76″，东经 113° 08′ 56.42″，海拔 159m。地势平坦，土壤浅黑褐色，pH 6.8，凋落物稀疏，腐殖质几无。10m×10m 群丛总盖度近100%。

群丛外貌为黄绿色，密集点缀着岗松的白色小花。林冠参差不齐，大头茶、密花树和岗松呈明显的两层而以岗松占绝对优势地位。物种稀少，结构简单，层次较明显。灌木层分为明显的两层，第一层高 2m，植物有大头茶（*Polyspora axillaris*）、密花树、簕欓花椒、毛茨，层盖度约 20%。第二层高 0.5～1m，优势种为岗松，岗松盖度达 90%，另散布有较少的野牡丹、栀子、石斑木、变叶榕、白花灯笼（*Clerodendrum fortunatum*）、羊角拗等。地被植物优势种为芒萁，白舌紫菀（*Aster baccharoides*）、地桃花（*Urena lobata*）、山芝麻（*Helicteres angustifolia*）、粗毛鸭嘴花等有少量分布。藤本植物寄生藤、无根藤、链珠藤有少量分布。

此群丛是典型的山坡岗松灌丛，周围依旧是大片区域的岗松植株，花开旺盛。

1. 岗松＋大头茶＋密花树群丛群落生境

$\dfrac{1}{2\ |\ 3}$　1. 岗松＋大头茶＋密花树群丛群落生境

　　　　 2. 岗松＋大头茶＋密花树群丛群落外貌

　　　　 3. 岗松＋大头茶＋密花树群丛群落外貌

| 岗松 + 吊钟花 + 绣球茜群丛 | *Baeckea frutescens+ Enkianthus quinqueflorus+ Dunnia sinensis* Association

该群丛仅发现于珠海市高栏岛，北纬 21° 55′03.05″，东经 113°13′21.99″ 处，海拔 67m。群丛地处北坡 60° 的山腰，土壤浅黑色，花岗岩大而多。腐殖质层较厚，凋落物层厚约 2cm，土壤 pH 6.8。10m×10m 样方总盖度近 100%。

群丛外貌呈暗黄绿色至深绿色，密集点缀着岗松的白色花朵。群落整体高度 2～3.5m，结构简单，层次不明显，林冠较齐，植株生长较密集，物种丰富。灌木层分为两层。上层优势种为吊钟花（*Enkianthus quinqueflorus*），其种盖度约 50%，石斑木、革叶铁榄也有一定数量。下层高 0.5～1m，优势树种为岗松，其种盖度约 30%。除此之外，灌木层植物还有绣球茜（*Dunnia sinensis*）、鼠刺、豺皮樟、越南叶下珠、簕欓花椒、竹节树、桃金娘、变叶榕、栀子、黄牛木等。草本植物密集生长，优势种为芒萁，其种盖度达 90%，散布有扇叶铁线蕨、鳞籽莎、白舌紫菀、山菅、白花苦灯笼、天料木和小果柿幼苗等。藤本植物种类较多，高约 0.3m，小叶红叶藤、清香藤、粉背拔葜、夜花藤、寄生藤、蔓九节、买麻藤、娃儿藤、无根藤、链珠藤、羊角拗等散生于群丛之中。

该群丛中的绣球茜居群面积极小，仅 50m²。绣球茜正值花期，花苞红色。通过对高栏岛进行为期 7 天的样线踏查，编者发现了大大小小的绣球茜植株总共 120 余株，这些绣球茜均仅见于同一山头，生长在山谷溪流旁、山腰灌丛等处。绣球茜为国家二级保护植物。鉴于绣球茜在高栏岛上的居群极其狭小，而且仅见的居群受人工桉树林的影响非常大，建议采取措施加以保护。

1. 高栏岛上的岗松 + 吊钟花 + 绣球茜群丛群落生境
2. 高栏岛上的岗松 + 吊钟花 + 绣球茜群丛群落生境
3. 高栏岛上的岗松 + 吊钟花 + 绣球茜群丛群落外貌
4. 高栏岛上的岗松 + 吊钟花 + 绣球茜群丛群落外貌
5. 高栏岛上的岗松 + 吊钟花 + 绣球茜群丛群落结构
6. 高栏岛上的岗松 + 吊钟花 + 绣球茜群丛群落结构
7. 高栏岛上的岗松 + 吊钟花 + 绣球茜群丛中的绣球茜

4	5
6	7
1	2	3

| 篁竹群系 | *Pseudosasa hindsii* Formation

篁竹（*Pseudosasa hindsii*）又名笛竹、四季竹、四时竹、寒山竹、邢氏苦竹，为禾本科竹亚科矢竹属植物，竿高达 5m。生于沿海山地。

| 篁竹 + 建兰 + 蛇舌兰群丛 | *Pseudosasa hindsii* + *Cymbidium ensifolium* + *Diploprora championii* Association

本群丛为中国热带海岛海拔 300 ~ 400m 小山顶上常见的灌草丛，在大万山岛有成片生长，代表群丛位于二洲岛，北纬 22°00′07.04″，东经 114°11′07.32″，海拔 378m。地势平坦，岩石裸露，土壤浅黑色，pH 6.8，凋落物主要为篁竹叶，厚约 2cm，腐殖质层较薄。10m × 10m 群丛总盖度约 75%。

群丛外貌为黄绿色，呈茂密的灌草丛状态。林冠整齐，结构简单，物种稀少，层次不明显。记录到群丛内建兰（*Cymbidium ensifolium*）和蛇舌兰（*Diploprora championii*）的伴生种为豺皮樟、白舌紫菀、厚叶铁线莲（*Clematis crassifolia*）、羊角拗、篁竹、黄杨（*Buxus sinica*）、清香藤、映山红（*Rhododendron simsii*）、羊角藤（*Morinda umbellata* subsp. *obovata*）。群丛高 0.4 ~ 0.7m，优势种为篁竹、黄杨，篁竹盖度约 65%。散生有短柄紫珠（*Callicarpa brevipes*）、黑面神、山麦冬、米碎花、鹅掌柴、毛冬青、簕欓花椒、越南叶下珠、豺皮樟、映山红、石斑木、变叶榕（*Ficus variolosa*）、栀子、白舌紫菀等，层盖度约 75%。藤本偶见亮叶鸡血藤、清香藤、羊角藤、厚叶铁线莲、寄生藤、夜花藤、羊角拗、土茯苓等，群丛地位不明显。

由于山顶风大，群丛植物呈地被状生长，以篁竹为优势种蔓延整个山顶，其他木本植物伴生其间，艰难生长。

1. 篁竹 + 建兰 + 蛇舌兰群丛群落生境

$\dfrac{1}{\dfrac{2}{3}}$ 1.簕竹 + 建兰 + 蛇舌兰群丛群落外貌
2.簕竹 + 建兰 + 蛇舌兰群丛群落外貌
3.簕竹 + 建兰 + 蛇舌兰群丛建群种—簕竹

厚皮香（*Ternstroemia gymnanthera*）为五列木科厚皮香属灌木或小乔木，高 1.5 ~ 10m，有时可高达 15m。广泛分布于安徽、浙江、江西、福建、湖北、湖南、广东、广西、云南、贵州以及四川等省区。多生于海拔 200 ~ 1400m 的山地林中、林缘路边或近山顶疏林中。

| 厚皮香 + 山油柑群丛 | *Ternstroemia gymnanthera*+ *Acronychia pedunculata* Association

本群丛常见于中国热带海岛海拔 200m 以下的山腰，代表群丛位于二洲岛，北纬 22° 00′ 24.37″，东经 114° 11′ 09.84″，海拔 153m。地貌为典型的花岗岩裸露地貌，土壤浅黑褐色，土质较硬，pH 6.8，凋落物层约 1.5cm，已发育成腐殖质。10m × 10m 群丛总盖度 100%。

群丛外貌为淡绿色至深绿色，呈茂密的直立灌丛状态。群丛林冠较整齐，结构简单，物种较少，层次不明显。灌木层高 0.5 ~ 2m，优势种为厚皮香，其种盖度约 40%，还散布有较多的豺皮樟、革叶铁榄、密花树、山油柑、石斑木、栀子等，偶见毛菍、桃金娘、越南叶下珠、狗骨柴、黄杨、竹节树、虎皮楠、变叶榕、簕欓花椒、红豆属（*Ormosia* sp.）等。群丛内植物大多呈灌草丛状生长，如革叶铁榄、越南叶下珠等，偶见罗汉松分布。地被植物优势种为鳞籽莎（*Lepidosperma chinense*），土表层植物稀少，岗松、芒萁在群丛外围线贴地生长，偶见金草（*Hedyotis acutangula*）、细毛鸭嘴草等分布，层盖度为 15%。藤本散生小叶红叶藤、链珠藤、土茯苓、夜花藤、无根藤、清香藤、买麻藤、厚叶铁线莲等，群丛地位不明显。

此群丛在花岗岩地貌的包围下孕育而成，土壤浅黑褐色，母岩风化程度极高。群丛中的厚皮香占据了大部分面积，其优势地位极为显著。

1. 厚皮香 + 山油柑群丛群落生境

1. 厚皮香＋山油柑群丛群落外貌
2. 厚皮香＋山油柑群丛群落外貌
3. 厚皮香＋山油柑群丛建群种—厚皮香

中国热带大陆岛上山地常绿阔叶灌丛中的白桂木群系仅包括一个群丛：白桂木 + 鼠刺群丛（*Artocarpus hypargyreus+ Itea chinensis* Association）。与中国热带大陆岛常绿阔叶林中的白桂木群系完全不同，中国热带大陆岛上山地常绿阔叶灌丛中的白桂木群系呈灌木丛状，白桂木位于第二层，十分低矮，呈灌木状；群丛内植株密集生长，结构简单，内膛极为茂密。

| 白桂木 + 鼠刺群丛 | *Artocarpus hypargyreus+ Itea chinensis* Association

本群丛为二洲岛低海拔山脚常见的次生林，代表群丛位于北纬 22°00′28.49″，东经114°11′04.95″处，海拔89m。四周地势陡峭，中间地形平坦，土壤浅黄色，表层疏松，pH 6.8，凋落物层薄，腐殖质层较厚。10m×10m 群丛总盖度约 75%。

群丛外貌深绿色，呈灌丛状。植株密集生长，内膛极茂密。群丛林冠较齐，物种较少，结构较复杂，层次不明显。灌木可分为两层，第一层高 2～3m，有三种植物生长于此，分别是鼠刺、竹节树、密花树，鼠刺最大胸径为 8.2cm，竹节树最大胸径为 6.5cm。第二层高 1～2m，植株生长密集，有白桂木 8 株、粘木 2 株、毛茶 1 丛散布其间，白桂木均为小苗，最大胸径 3.5cm。散生有豺皮樟、变叶榕、鹅掌柴、九节、白楸、软荚红豆、假苹婆、竹节树、毛茶、白背算盘子（*Glochidion wrightii*）等，偶见黑面神、中华杜英、野漆、华润楠、山乌桕（*Triadica cochinchinensis*）分布。地被植物优势种为芒萁，伴生有金草、山菅、乌毛蕨、黑莎草（*Gahnia tristis*）等。藤本优势种为寄生藤，呈覆被状生长于林冠。伴生有白花酸藤果（*Embelia ribes*）、土茯苓、蔓九节、羊角拗、锡叶藤、夜花藤等，偶见蔓九节、轮环藤分布。

此群丛的独特之处在于，一个仅 10m×10m 小样方内齐聚白桂木、毛茶、粘木三种保护植物，且群落内发现众多的白桂木小苗，表明其更新良好。应对其加强保护，减少人为干扰。

1. 白桂木 + 鼠刺群丛群落生境

1. 白桂木 + 鼠刺群丛群落结构

2. 白桂木 + 鼠刺群丛林下草本层

| 细叶裸实群系 | *Gymnosporia diversifolia* Formation

细叶裸实又名刺裸实、海刺子、刺仔木、变叶裸实、北仲、光叶美登木、变叶美登木，为卫矛科裸实属灌木或小乔木。植株高达3m，花白或淡黄色。蒴果成熟时红色或紫色。产于福建、台湾、广东、广西、海南及其沿海岛屿。生于山坡路边海滨处的疏林中。

细叶裸实群系仅见于七洲列岛。主要分布于平峙岛、北峙岛和南峙岛，以平峙岛上的最具代表性。群落所处地点风力较大，植株常呈匍匐状，覆盖度达90%。土壤以砂页岩风化而成的沙质土壤为主。

| 细叶裸实 + 海南留萼木群丛 | *Gymnosporia diversifolia*+ *Blachia siamensis* Association

本群丛常见于七洲列岛海拔70m左右的山坡上，以南峙岛北纬19°54′32.69″，东经111°12′02.26″处为代表，海拔72m。群丛位于岛中央山脊平地，土壤棕色，沙质，肥沃。凋落物层和腐殖质层较薄。

群丛外貌黄绿色，灌丛上端点缀有许树的白花。群丛结构简单，林冠较整齐，物种较多，生长密集，覆盖度约99%。灌木层仅一层，高 0.5~1.2m，层盖度约95%。细叶裸实（*Gymnosporia diversifolia*）和海南留萼木（*Blachia siamensis*）为优势种，还有青皮刺（*Capparis sepiaria*）、了哥王、酒饼簕、海南茄（*Solanum procumbens*）、许树、马缨丹、潺槁树等夹杂其中。其中，了哥王长得最高，达 1.2m，胸径 4cm。草本层盖度很低，约8%，优势种为密子豆（*Pycnospora lutescens*）、扭鞘香茅（*Cymbopogon tortilis*），还有观音草（*Peristrophe*

1 | 2

1. 海南省七洲列岛上的细叶裸实 + 海南留萼木群丛群落生境
2. 海南省七洲列岛上的细叶裸实 + 海南留萼木群丛群落外貌

bivalvis）、土牛膝、多枝扁莎（*Pycreus polystachyos*）、牛筋草、假臭草等。藤本层盖度约10%，种类较少，优势种为巴戟天（*Morinda officinalis*），此外，还有少量厚藤、海岛藤、鲫鱼藤（*Secamone elliptica*）等。

群丛所处地点风力常较大，植株低矮，常呈匍匐状，是海南省岛礁植被的典型代表之一。

1　1. 海南省七洲列岛细叶裸实＋海南留萼木群丛中的细叶裸实

2　2. 正在开花的细叶裸实

3　3. 正在开花的海南留萼木

| 细叶裸实 + 美叶菜豆树群丛 | *Gymnosporia diversifolia* + *Radermachera frondosa* Association

　　本群丛常见于七洲列岛海拔 100m 左右的山谷。代表群丛位于南峙岛，北纬 19°54′39.38″，东经 111°11′52.96″，海拔 100m。

　　群丛外貌黄绿色至深绿色。群落结构简单，层次明显，物种较丰富。灌木层高约 1.5m，优势种为细叶裸实和美叶菜豆树（*Radermachera frondosa*），层盖度 95%。另有笔管榕、潺槁树、轴桐属（*Licuala*）、海南留萼木、细叶榕、马缨丹、酒饼簕、宿苞厚壳树（*Ehretia asperula*）、土蜜树等。草本层盖度约 2%，仅见假臭草和假杜鹃（*Barleria cristata*）。藤本以美丽崖豆藤为优势，另有鸡眼藤、鲫鱼藤、厚藤、海岛藤等。

1. 细叶裸实 + 美叶菜豆树群丛群落生境

1. 细叶裸实 + 美叶菜豆树群丛群落外貌

细叶榕又名赤榕、红榕、万年青、榕树，为桑科榕属大乔木，高达15~25m，胸径达50cm，冠幅广展。老树常有锈褐色气根。榕果成熟时黄或微红色，花期5—6月。产于台湾、浙江、福建、广西、湖北、贵州、云南、广东及其沿海岛屿。

灌丛细叶榕群系仅见于海南七洲列岛。七洲列岛位于海南岛的东北部，西邻文昌市，由南峙、双帆、赤峙、平峙、狗卵脬峙、灯峙、北峙七个岛屿组成。岛上5—10月为台风季节，风力强劲，并伴随有大暴雨，气候条件十分恶劣，植株高度受海风和降雨的影响极大。也正因为如此，在大陆上呈高大乔木状的细叶榕，在七洲列岛上只能形成低矮的灌木群落。

| 细叶榕 + 黑面神群丛 | *Ficus microcarpa* + *Breynia fruticosa* Association

本群丛见于七洲列岛海拔90m左右的山顶上，代表群丛位于平峙岛北纬19°57′39.63″，东经111°15′04.80″处，海拔90m。群丛位于灯塔后面的山顶，土壤肥沃，凋落物层和腐殖质层较薄。

群丛外貌深绿色，结构简单，林冠整齐，物种较少。植株生长密集，覆盖

1. 七洲列岛上的细叶榕 + 黑面神群丛群落外貌

度100%。灌木层仅具一层，高1～1.7m，层盖度100%。优势种为细叶榕和黑面神，伴生有少量海南沟瓣（*Glyptopetalum fengii*）、了哥王、宿苞厚壳树和伞序臭黄荆等。细叶榕最为高大，达1.7m，胸径6cm。未见草本。藤本优势种为木防己，还有少量厚藤，层盖度达20%。

细叶榕为典型的鸟播植物，果熟后带黄色、红色、暗紫红色，果肉甜美，极能吸引鸟类前来取食。它是海南七洲列岛上食物链的关键物种之一，在局部地区形成单优群落。目前该种是七洲列岛上生长最为高大的树种，对加快岛屿植被灌丛群落演替为乔木群落具有重要意义。

1. 七洲列岛上的细叶榕＋黑面神群丛群落外貌

刺葵（*Phoenix loureiroi*）又名台湾海枣，为棕榈科海枣属灌木。果序及果实初时橙黄色，成熟时紫黑色。花期 4—5 月，果期 6—10 月。产台湾、广东、海南、广西、云南。树形美丽，可作庭园绿化植物，果可食，嫩芽可作蔬菜，叶可作扫帚。

刺葵群系分布于海南七洲列岛中的南峙岛和广东的大万山岛、大镬岛等岛屿。群落外貌整齐，但因岛上风大，多数树龄较老的植株主干倒伏后斜伸生长，群落外貌显得比较低矮，高度约 1～2m。刺葵是海岛上少有的植物，为减少蒸腾，抵御干旱，叶片靠下部的裂片全部退化为针状刺，加之根系发达，致使这种植物特别耐旱，在岛上成片生长。刺葵常与海南留萼木、美丽鸡血藤等组成灌丛群落，有时也以单优势的群落出现。

| 刺葵 + 美丽鸡血藤群丛 | *Phoenix loureiroi+ Callerya speciosa* Association

本群丛见于七洲列岛海拔 20m 左右的山坡，代表群丛位于南峙岛，北纬 19° 54′32.48″，东经 111° 12′03.24″ 处，海拔 21m。

群落外貌黄绿色至深绿色，每年 6—10 月可见刺葵的果序由橙黄色变为紫黑色，点缀有美丽鸡血藤的紫红色花序。群落结构简单，层次明显，物种稀少。灌木层盖度约 80%，以刺葵和美丽崖豆藤占绝对优势。草本层优势种为沟颖草（*Sehima nervosum*），另有竹节菜（*Commelina diffusa*）、沟叶结缕草、光梗阔苞菊（*Pluchea pteropoda*）、多枝扁莎、七里明（*Blumea clarkei*）、土牛膝，层盖度约 15%。藤本优势种为匙羹藤，伴生有厚藤和海岛藤，盖度约 10%。

1. 七洲列岛上的刺葵 + 美丽鸡血藤群丛群落外貌

1. 七洲列岛上的刺葵 + 美丽鸡血藤群丛群落生境

常绿针叶林
Evergreen Coniferous Forest

针阔叶混交林
Coniferous and Broad—leaved Mixed Forest

常绿阔叶林
Evergreen Broad—leaved Forest

红树林
Mangrove Forest

灌丛
Shrub

灌草丛
Shrub Grass

灌草丛
Shrub Grass

灌草丛是指以中生或旱中生多年生草本植物为主要建群种，但其中散生灌木的植物群落，广泛分布于我国温带、亚热带及热带地区。灌草丛是我国南北各地荒山、荒地上的主要植被类型，由于它们大多数是处于不同演替阶段的次生类型，各有其演替方向，并各自反映出不同的生境条件，因此对于选择宜林地、宜垦地具有一定的指示意义（吴征镒，1980）。

在中国热带海岛植被类型中，灌草丛植被型主要包含两个亚型：分布于低山丘陵的山地灌草丛和分布于沿海强风砂地的滨海草丛（吴征镒，1980）。这两种植被亚型在中国热带大陆岛上均有分布。

山地灌草丛
Mountain Shrub Grass

     山地灌草丛是山地丘陵的森林灌丛反复破坏后形成的一种次生植被类型，由于生态条件的改变，在短期或较长时期内不易自然演替为灌丛或森林。其主要特点是：组成山地灌草丛建群层片的优势植物是旱中生的多年生禾本科草本植物，中温性的落叶灌木种类稀疏而分散地分布于群落之中（吴征镒，1980）。

     中国热带大陆性岛屿上的山地灌草丛共有 7 群系 8 群丛。

| 类芦群系 | *Neyraudia reynaudiana* Formation

     类芦（*Neyraudia reynaudiana*）为禾本科类芦属多年生芦苇状草本植物，高可达 3m。分布于我国海南、广东、广西、贵州、云南、四川、湖北、湖南、江西、福建、台湾、浙江、江苏。生长在海拔 300 ~ 1500m 的河边、山坡或砾石草地。该种是优良的水土保持草种，可为芒萁等乡土草种的侵入与繁衍创造有利条件，从而加快水蚀荒漠化地区植被恢复。

| 类芦 + 长叶肾蕨 + 草海桐群丛 | *Neyraudia reynaudiana+ Nephrolepis biserrata+ Scaevola taccada* Association

     群丛常见于中国热带海岛高潮线以上的沙滩与山地森林或灌丛接壤地带。近海一侧植被稀疏，物种组成简单，以草本和铺地藤本为主，近岛内一侧群落结构和组成趋向复杂，植被较密。土壤亦呈现过渡性，由近海到岛内依次由珊瑚沙—礁石 / 珊瑚沙—土石过渡，土壤凋落物逐渐增厚。代表群丛位于担杆岛担杆尾，由于偶尔有游客活动，近海一侧的植被受到一定程度的人为干扰，在长叶肾蕨丛中可见大量白色垃圾，影响植物的生长和群落的发育。

     群丛外貌的季节性变化较明显，春夏季呈深绿色，秋冬季呈浅绿色至枯黄色。靠近沙滩一侧宽度约 5 ~ 15m，土壤为热带珊瑚沙，淋溶性强，有机质极少，植物组成简单，以草本植物为主，优势种是类芦。该物种春夏季呈翠绿色，秋冬季则枯黄。在沙地里还有零星的高秆莎草（*Cyperus exaltatus*）以及偶尔成片生长的红毛草（*Melinis repens*）和龙爪茅，这几个物种在秋冬季均枯萎。海岸带有较多礁石，礁石周围常积累一些凋落物，形成较贫瘠的土壤。灌木层优势种为草海桐，仅分布于沙滩内侧，另见苎麻（*Boehmeria nivea*）、小果叶下珠，群落结构较紧密，总盖度90%以上。草本植物有凤尾蕨（*Pteris* sp.）、海芋、阔苞菊和白花丹（*Plumbago zeylanica*）。藤本有海刀豆、鳝藤（*Anodendron affine*）。

1　　1. 类芦＋长叶肾蕨＋草海桐群丛群落生境
2　　2. 类芦＋长叶肾蕨＋草海桐群丛群落外貌

1　1. 类芦 + 长叶肾蕨 + 草海桐群丛草木层优势种—长叶肾蕨
2　2. 类芦 + 长叶肾蕨 + 草海桐群丛灌木层优势种—草海桐

| 类芦 + 盐肤木群丛 | *Neyraudia reynaudiana+ Rhus chinensis* Association

本群丛常见于中国热带海岛海拔 50m 以下的海边流石滩，代表群丛位于淇澳岛搅拌厂附近，北纬 22°23′19.39″，东经 113°37′24.54″，海拔 6m。土层表面是崖壁上滑落下来的碎石块，土壤黄褐色，含砂石，pH 6.9，凋落物层薄，腐殖质层几无。

群丛结构简单，物种稀少，呈现出明显的两层。类芦高约 2.5m，独居一层，在 10m×10m 的样方中占 25%。地被层优势种为盐肤木（*Rhus chinensis*）幼苗和鬼针草，另可见马缨丹、假臭草、地桃花、小蓬草（*Erigeron canadensis*）、黄牛木、了哥王、红毛草、铁线蕨（*Adiantum* sp.）等，以及大叶相思、潺槁树的小苗。黄牛木数量不多，但因为高度较大，且正值果期，对群丛的外貌有一定影响。类芦和盐肤木成片生长，密度较大。

整体来看，这个群丛结构单一，是在原生境被破坏之后逐渐发展起来的群丛，是较为低级的群落。

1. 类芦 + 盐肤木群丛群落生境

$\dfrac{1}{\dfrac{2}{3}}$ 1.类芦＋盐肤木群丛群落外貌

        2.类芦＋盐肤木群丛优势种—类芦

        3.类芦＋盐肤木群丛优势种—盐肤木

芒萁（*Dicranopteris pedata*）为里白科芒萁属蕨类植物，植株高可达120cm。我国南方广布，生长于强酸性土的荒坡或林缘，在森林砍伐后或放荒后的坡地上常成为优势的中生草本群落。

| 芒萁 + 豺皮樟 + 米碎花群丛 | *Dicranopteris pedata+ Litsea rotundifolia var. oblongifolia+ Eurya chinensis* Association

本群丛常见于担杆岛海拔 200～300m 的海滨山地，代表群丛位于担杆岛南畔天临海一侧陡坡，北纬 22°01′59.10″，东经 114°14′48.52″，海拔 212m。坡面向南，坡度 15°。土壤黑色，样方周围有较密集的大块石头，pH 4.0，凋落物层和腐殖质层较薄。

代表群丛呈深绿色。群丛林冠高矮相差不大，高度 0.5～1m，植株生长较密集，物种不丰富，群丛盖度几乎 100%。群丛内芒萁占绝对优势，平均高度0.5m，种盖度可达 70%。在 100m² 样方中，木本植物有罗汉松、毛茶、山油柑、米碎花、豺皮樟、革叶铁榄、桃金娘、石斑木、油叶柯（*Lithocarpus konishii*）、毛冬青等，豺皮樟、米碎花占优势，其他植物分布较散，高度较一致，约 0.8m。草本植物种类不多，主要有芒萁、山麦冬、二花珍珠茅、鸭嘴草（*Ischaemum aristatum* var. *glaucum*），高度在 20～50cm 之间，层盖度约 80%。藤本亦较简单，链珠藤、寄生藤、蔓九节、菝葜占优势，此外土茯苓、锡叶藤、网络崖豆藤有少量分布。

1 | 2

1. 芒萁 + 豺皮樟 + 米碎花群丛群落外貌
2. 芒萁 + 豺皮樟 + 米碎花群丛群落外貌

1. 芒萁＋豺皮樟＋米碎花群丛群落外貌
2. 芒萁＋豺皮樟＋米碎花群丛中的罗汉松
3. 芒萁＋豺皮樟＋米碎花群丛中的建群种—芒萁

五节芒（*Miscanthus floridulus*）是禾本科芒属多年生草本，具发达根状茎。产于江苏、浙江、福建、台湾、广东、海南、广西等省区。生于低海拔撂荒地、丘陵潮湿谷地、山坡或草地等处。

| 五节芒 + 芒萁群丛 | *Miscanthus floridulus+ Dicranopteris pedata* Association

本群丛是典型的海边湿地植被，常见于中国热带海岛临海岸线低洼平地，代表群丛位于担杆岛担杆中后卫附近的海边，北纬 22°02′49.13″，东经 114°16′00.24″，海拔 3m。坡面向北，是北风迎风坡，地势平坦，土壤黑色，pH 5.8，凋落物层和腐殖质层薄。

群丛外貌大体是五节芒的枯黄色和芒萁的翠绿色，其他植物暗绿色。群丛林冠呈简单的两层，上层是平均高 2m 的五节芒，下层以芒萁为主，平均高 1m。群丛植物生长较密集，物种较稀少，结构简单，群丛郁闭度约 95%。在 100m² 样方中，五节芒和芒萁占绝对优势，二者密集独立分布，占群丛较大面积。五节芒种盖度 60%，芒萁种覆盖度 25%。在五节芒和芒萁周围分布有少量的桃金娘、毛茶等，另有少量的鹅掌柴分布于芒萁中间。

1. 五芒萁 + 芒萁群丛群落外貌

| 双穗飘拂草群系 | *Fimbristylis subbispicata* Formation

双穗飘拂草（*Fimbristylis subbispicata*）为莎草科飘拂草属丛生草本，产于东北各省、河北、山东、山西、河南、江苏、浙江、福建、台湾、广东。生长于山坡、山谷空地、沼泽地、溪边、沟旁近水处，也见于海边、盐沼地，海拔300~1200m。

| 双穗飘拂草 + 野牡丹 + 马唐群丛 | *Fimbristylis subbispicata+ Melastoma malabathricum+ Digitaria* sp. Association

本群丛为中国热带海岛海拔 50m 以下的海边开阔草地的典型群落，代表群丛位于淇澳岛，北纬 22° 26′ 04.33″，东经 113° 38′ 58.13″，海拔 8m。地势平坦，土层较硬，土壤浅黄色，pH 6.2，凋落物层薄，腐殖质层几无。

群丛为低矮灌草丛，外貌呈深绿色，结构简单，物种较为丰富。呈明显的两层，野牡丹高约 0.5m，独居一层，在 10m×10m 的样方中占 15%。地被层优势种为双穗飘拂草和马唐（*Digitaria* sp.），另可见簕欓花椒、母草（*Lindernia crustacea*）、破布叶、三点金（*Desmodium triflorum*）、积雪草（*Centella asiatica*）、乌柏（*Triadica sebifera*）、地桃花、秤星树、水竹叶（*Murdannia triquetra*）、雀稗（*Paspalum thunbergii*）、画眉草（*Eragrostis pilosa*）、白花灯笼、水茄（*Solanum torvum*）、佛焰苞飘拂草（*Fimbristylis cymosa* var. *spathacea*）、松叶耳草（*Hedyotis pinifolia*）、短叶水蜈蚣（*Kyllinga brevifolia*）、链荚豆、野甘草（*Scoparia dulcis*）、海马齿（*Sesuvium portulacastrum*）等。藤本稀少，偶见娃儿藤和匙羹藤分布。

整体来看，这个群丛结构单一而物种组成却不简单，是典型的稀树灌草群丛。

1. 双穗飘拂草 + 野牡丹 + 马唐群丛群落生境

1. 双穗飘拂草 + 野牡丹 + 马唐群丛群落外貌

2. 双穗飘拂草 + 野牡丹 + 马唐群丛灌木层

3. 双穗飘拂草 + 野牡丹 + 马唐群丛草本层

中国热带大陆性岛屿山地灌草丛中的桃金娘群系，灌木层盖度约50%，以桃金娘为绝对优势种，星散分布少数其他较高的灌木。草本层种类不多，但植株生长十分密集，层盖度达56%。这与我国热带大陆性岛屿山地常绿阔叶灌丛中的桃金娘群系明显不同，因此分别加以叙述（参见本书第3章）。

| 桃金娘 + 芒萁群丛 | *Rhodomyrtus tomentosa+ Dicranopteris pedata* Association

本群丛常见于中国热带大陆性海岛，代表群丛位于南澳岛叠石岩山顶处，北纬 23° 25′ 52.31″，东经 117° 05′ 40.27″，海拔405m，为岛上海拔较高的山地。坡向朝东，坡度较陡，约 26°。土壤棕褐色，枯落物层较厚，腐殖质层较薄，为叠石岩寺庙的后山。

群丛外貌呈深绿色到黄绿色，林冠不齐，平均高度约 1.8m。群丛结构复杂，物种组成较丰富，植株生长密集，总盖度可达98%。灌木层可分为两层，层盖度约50%。第一层高 1~2.3m，优势种为油茶和细齿叶柃（*Eurya nitida*），另见箬竹、鹅掌柴和变叶榕等。第二层高不及1m，以桃金娘为绝对优势种，其次为车桑子（*Dodonaea viscosa*）、雀舌黄杨（*Buxus bodinieri*）、白花灯笼和秤星树等，偶见野牡丹、栀子、绿冬青（*Ilex viridis*）、赤楠、马尾松幼苗、天料木、中华卫矛、亮叶猴耳环、竹节树和圆叶豺皮樟等。草本生长密集，优势种为芒萁，偶见山菅、芒（*Miscanthus sinensis*）和珍珠茅（*Scleria* sp.）等，层盖度约56%。藤本种类丰富，美丽鸡血藤、寄生藤和蔓九节占较大优势，另见酸藤子、过山枫（*Celastrus aculeatus*）、土茯苓、菝葜和无根藤有零星分布，藤本盖度约16%。

此类型为植被恢复早期常见的山地灌草丛，且其不仅在热带大陆性海岛上常见，在同纬度的大陆地区亦是多见，可见大陆性岛屿与大陆的联系十分密切。

1. 桃金娘 + 芒萁群丛群落生境

1. 桃金娘+芒萁群丛群落外貌
2. 桃金娘+芒萁群丛中的优势种—芒萁

中国热带海岛植被

| 猪笼草群系 | *Nepenthes mirabilis* Formation

猪笼草（*Nepenthes mirabilis*）为猪笼草科猪笼草属直立或攀援草本，高0.5~2m。叶互生，近无柄，叶片中脉延长形成卷须，卷须上部扩大反卷形成瓶状体和瓶盖。花期4—11月，果期8—12月。产于广东西部、南部。生于海拔50~400m的沼地、路边、山腰和山顶等灌丛中、草地上或林下。本种能适应多种环境，故分布较广，从亚洲中南半岛至大洋洲北部均有产。

| 猪笼草群丛 | *Nepenthes mirabilis* Association

本群丛仅见于万山群岛（东澳岛、大万山岛、北尖岛）海边山地潮湿处。代表群丛位于北尖岛，北纬21°53′47.00″，东经114°02′58.00″处，海拔42m，地势较为平缓。土壤呈黄褐色，水分含量较高，凋落物较少，腐殖质层较厚。

群丛外貌黄绿色至鲜绿色，林冠不齐，群落总盖度100%。灌木层盖度约30%，以露兜树为优势。露兜树高达2m，散生有岗松、桃金娘、野牡丹、黑面神等。草本层植株生长十分密集，层盖度几达100%。优势种猪笼草在草丛中交错纵横，蜈蚣草、鳞籽莎、珍珠茅（*Scleria* sp.）、粗毛鸭嘴草、伞形飘拂草（*Fimbristylis umbellaris*）等密集丛生，另有石松、芒萁、华南谷精草散生于群丛内。藤本仅见海金沙星散分布。

该群丛地处山坡谷地，土壤较为紧实，渗水性差，每年雨季大量积水，易形成季节性沼泽。土壤水分含量较高，为群落内的物种提供了较好的水热条件。

1. 猪笼草群丛群落外貌

$\dfrac{1}{2\ \mvert\ 3}$

1. 猪笼草群丛群落外貌

2. 猪笼草群丛群落外貌

3. 猪笼草群丛中的优势种—猪笼草

香蒲（*Typha orientalis*）为香蒲科香蒲属多年生水生或沼生草本。产于黑龙江、吉林、辽宁、内蒙古、河北、山西、河南、陕西、安徽、江苏、浙江、江西、广东、云南、台湾等省区。生于湖泊、池塘、沟渠、沼泽及河流缓流带。

我国热带大陆性岛屿上的香蒲群系仅包含一个群丛：香蒲群丛（*Typha orientalis* Association）。该群丛在大陆岛上极为少见。它与中国热带火山岛上的香蒲群系极为相似，群落邻近水源，外貌随季节变化；群落结构简单，物种稀少，几不分层；高度整齐，植株生长密集；香蒲盖度几达100%。由于本书分别对中国热带大陆性岛屿、珊瑚岛和火山岛上的植被类型展开叙述，因此，对不同类型岛屿上的相同或类似群系，也分别加以叙述，以方便读者作比较（参见本书第5章）。

| 香蒲群丛 | *Typha orientalis* Association

本群丛仅在广东汕头南澳岛发现有大面积分布，在万山群岛仅见零星分布。代表群丛位于青澳镇山岗村路边，北纬23° 26′ 42.21″，东经117° 08′ 6.41″处，海拔115m，地势较为平缓。土壤呈黑褐色，水分含量较高，凋落物较少，腐殖质层较厚。

群丛外貌随季节变化较大，春夏季时青绿色至深绿色，缀以长条形褐红色的香蒲花序，秋冬季随优势种香蒲的地上部分枯萎变得枯黄和青绿相间。群丛层高度较齐，平均高度约1.2m，植株生长密集，但其结构简单，物种稀少，层次不明显。以香蒲为绝对优势种，其盖度几达100%，偶见莲子草（*Alternanthera sessilis*）、水蔗草（*Apluda mutica*）、铺地黍、鬼针草和狗牙根（*Cynodon dactylon*）等。

本群丛临近村落，受人为干扰较大，不时有白鹭等水鸟来此捕食，说明其作为水源涵养地的作用巨大，宜加强保护。

1. 南澳岛上的香蒲群丛群落生境

1   1. 南澳岛上的香蒲群丛群落外貌
———
2   2. 南澳岛上的香蒲群丛优势种—香蒲

滨海草丛

Coastal Grass

本植被型呈带状分布于海滨沙滩地带的外缘，带宽从十几米到数十米不等。由于海岸成陆时间较短，沉积物质比较松散，加之受大风的影响，在沙滩上又形成许多波状起伏的沙丘。土壤为灰白色砂土，松散而缺乏有机质，受潮起潮落和海浪的影响，土壤含盐量较高，偏碱性，pH 7.5~8。土层昼夜温差大，植物生长环境较为恶劣，所以海滨灌草丛虽然具有区域属性，但并未将其列为地带性植物植被类型。海滨灌草丛往往受到较多人为干扰，一般为群落演替的初期。

我国热带大陆性岛屿上的滨海草丛共有 2 群系 2 群丛，优势种为厚藤和互花米草。厚藤群系主要分布在海岛岸边沙滩上，群落外貌稀疏低矮。互花米草主要分布于滨海潮间带，常伴生于红树林群落附近。

| 厚藤群系 | *Ipomoea pes-caprae* Formation

厚藤（*Ipomoea pes-caprae*）俗称马鞍藤、海薯，为旋花科虎掌藤属多年生草质藤本。花冠紫色或深红色，漏斗状。产浙江、福建、台湾、广东、海南、广西。广布于热带沿海地区。植株可作海滩固沙或覆盖植物。

我国热带大陆岛上的厚藤群系包含 1 个群丛，即厚藤群丛（*Ipomoea pes-caprae* Association），广泛分布于各个岛屿上的海岸沙堤前沿高潮线以上的沙滩地。群丛所在地处于海岸前沿，受风浪影响大，常呈单优群落。土壤有机质含量较低，而盐分含量通常较高。其生境条件和群落结构与我国热带珊瑚岛上的厚藤群系都十分相似。

| 厚藤群丛 | *Ipomoea pes-caprae* Association

代表群丛位于大镬岛，北纬 21° 38′ 50.32″，东经 112° 07′ 16.36″ 处，海拔 3m，为海滨砂生草丛。

群丛平均高度不及 10cm，外貌呈现为稀疏矮小的绿色草丛散布于黄白色的沙带上，厚藤四季开紫红色大花。群丛结构简单，物种生长从海边向内陆变得越来越密集，总盖度约 75%。群丛内覆盖有大面积的厚藤，其种盖度可达 60%，其次为滨豇豆（*Vigna marina*）、鬼针草和铺地黍（*Panicum repens*），偶见五节芒（*Miscanthus floridulus*）、海滨大戟、艾堇（*Sauropus bacciformis*）和禾本科（Poaceae）植物等，盖度约 20%。在临近的海滩上还分布有草海桐、许树、露兜树（*Pandanus tectorius*）等灌木。

1. 厚藤群丛群落生境

1. 厚藤群丛群落外貌

$\frac{1}{2\ |\ 4}$
$\frac{}{3}$

2. 厚藤群丛—营养期的厚藤植株

3. 厚藤群丛—花期的厚藤植株

4. 厚藤群丛—花期的厚藤植株

互花米草(*Spartina alterniflora*)为禾本科米草属多年生草本。植株高 1 ~ 3m，具肉质根状茎。秆粗壮，簇生，直立，直径约 1cm。花期 8—10 月。互花米草于 1979 年引入我国上海崇明岛，旨在弥补先前引进的大米草（ *S. anglica* ）植株较矮、产量低、不便收割等不足。互花米草的抗胁迫能力和繁殖能力极强，生长迅速，在保滩护岸、加速淤积、控制污染等方面取得了一定的生态和经济效益（苑泽宁 等，2008）。互花米草自 1982 年向全国沿海地区推广之后，扩散极为迅速，现已遍布我国广西至河北的沿海地区，形成了滨海盐沼生境的优势种群（Mao. et al., 2019）。互花米草的扩散极大改变了我国滨海海滩湿地的生物群落结构，严重威胁我国滨海湿地的生物多样性与生态安全。因此，中国国家环保总局于 2003 年将互花米草列入了我国首批外来入侵物种名单。

| 互花米草群丛 | *Spartina alterniflor*a Association

该群丛常见于我国热带海岛滨海潮间带，常与红树林伴生。代表群落位于上川岛庙湾，北纬 21° 40′ 55.92″，东经 112° 46′ 43.68″，海拔 1.2m。地势平坦，土层较为干硬，土壤黄褐色，凋落物层和腐殖质层较薄。

群丛面积约 100m²，外貌呈亮绿色，8 月可见互花米草的大片白色小花。群丛位于红树林附近，周围生长有较多的海榄雌、蜡烛果、秋茄树等红树林植物。灌木层高约 1.4m，零星生长着几株营养不良的海榄雌和蜡烛果。草本层占绝对优势，盖度约 80%，仅有互花米草一种。互花米草高约 1.5m，植株生长密集。未见其他草本植物。

目前，互花米草入侵已成为热带海岛滨海潮间带面临的重要生态问题之一，广东上川岛、广西涠洲岛等热带海岛已发现互花米草大面积的快速扩张，严重影响我国热带海岛的原生生态系统，尤其是对我国热带海岛上本就分布面积不大的红树林群落，造成了严重的威胁，建议尽快采取措施进行防除。

1. 互花米草群丛群落生境

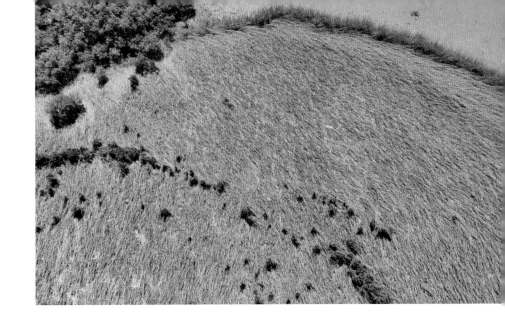

<table>
<tr><td>1</td></tr>
<tr><td>2</td></tr>
<tr><td>3</td></tr>
</table>

1. 互花米草群丛群落外貌

2. 互花米草群丛群落结构

3. 处于盛花期的互花米草群丛

4

Tropical Coral Island Vegetation

中国热带珊瑚岛植被

珊瑚岛的生境特征与植被概况

　　我国的热带珊瑚岛位于南海，包括东沙群岛、中沙群岛、西沙群岛、南沙群岛（即南海诸岛）。除了中沙群岛全是由未露出海面的暗礁及暗沙组成，尚无稳定的陆生植被之外，其余三个群岛均有植被分布。

　　南海诸岛由珊瑚岛、礁、滩以及暗沙所组成。其特点是面积小，海拔低，地势平。除个别较大的岛屿如永兴岛面积达 1.8km² 外，其他岛屿面积一般都在 1km² 以下，海拔也只有 4~5m，少数可达 12.5m。珊瑚岛成土母质由珊瑚石灰岩、海产动物的残骸以及鸟粪磷矿层所构成。土壤主要是各种磷质石灰土，有机质含量丰富，富含磷、钙而缺硅、铁、铝及黏粒，且含盐量较高，pH 8.0~9.0。此外，在沿岛的滨海地带还分布有冲积砂土。在如此独特的土壤生境上，自然形成了其独特的珊瑚岛植被。

　　南海诸岛的气候为典型的热带海洋气候，日照时间长，热量充足，终年高温。年均温在 26°C 以上，绝对最低温度 15°C 以上，且年温差小，仅有 6~8°C 左右。雨量丰沛，年降雨量 1400~2200mm，降雨集中于 6—11 月，干湿季交替较为明显，且年蒸发量大于年降雨量。此外，由于地处热带海洋，植物受大风影响较大。

　　据邢福武、邓双文等对南海诸岛的调查，记录到南海诸岛维管束植物共计 93 科 305 属 452 种（含种下等级）（邢福武 等，2019），其中主要为野生的种类。没有记录到特有种，都是属于附近大陆及海岛的成分，其中与海南岛相同的种类最多（占 91%），关系最为密切（吴征镒，1980）。这些植物种类主要通过人、鸟类传播以及海流和风媒传播而来，其中以人类活动带入的最多（吴征镒，1980；邢福武 等，1992）。

　　由于热带珊瑚岛成岛时间较晚，故热带珊瑚岛的森林、灌木以及草本植被都是比较年轻的正处于发展前期的植被，组成成分和结构都比较简单，且各小岛的植被组成种类大致相同（广东省植物研究所西沙群岛植物调查队，1977）。珊瑚岛植被的组成成分都是热带的广布种，如豆科（Fabaceae）、紫茉莉科（Nyctaginaceae）、草海桐科（Goodeniaceae）、夹竹桃科（Apocynaceae）、海人树科（Surianaceae）、露兜树科（Pandanaceae）、白花菜科（Cleomaceae）、红厚壳科（Calophyllaceae）和使君子科（Combretaceae）等。据统计，西沙植物种类中热带成分相当丰富，热带分布（除去世界分布）的种占总数的91.52%（童毅等，2013）。这种富于热带海岸和海岛的植物区系成分，同世界热带地区的海岛、海洋珊瑚岛及海滩植物都非常相似，其中有不少的种类为太平洋热带海岸和海岛共有属，例如草海桐（Scaevola taccada）、海岸桐（Guettarda speciosa）、抗风桐（Pisonia grandis）、银毛树（Tournefortia argentea）、海人树（Suriana maritima）、铺地刺蒴麻（Triumfetta procumbens）、许树、厚藤和海刀豆等。这些植物不仅构成了珊瑚岛植被的主要成分，同时也形成了珊瑚岛独特的植被类型。

中国热带珊瑚岛上的植被类型包括珊瑚岛热带常绿乔木群落、珊瑚岛热带常绿灌木群落、珊瑚岛热带草本群落、珊瑚岛热带湖沼植物群落和珊瑚岛热带栽培植物群落，共5种植被型，16群系，22群丛。

1. 中国珊瑚岛热带常绿乔木群落的典型代表——永兴岛上的抗风桐＋草海桐＋海岸桐群落

珊瑚岛热带常绿乔木群落
Coral Island Tropical Evergreen Arbor Community

珊瑚岛热带常绿灌木群落
Coral Island Tropical Evergreen Shrub Community

珊瑚岛热带草本群落
Coral Island Tropical Herbaceous Community

珊瑚岛热带湖沼植物群落
Coral Island Tropical Limnetic Plants Community

珊瑚岛热带栽培植物群落
Coral Island Tropical Cultivated Plants Community

珊瑚岛热带常绿乔木群落

Coral Island Tropical Evergreen Arbor Community

　　珊瑚岛热带常绿乔木群落是我国热带珊瑚岛目前发展最好的植被，组成的树种都是热带海岛和海岸的成分（广东省植物研究所西沙群岛植物调查队，1977）。这种富于热带海岸和海岛的植物区系成分，同世界热带地区的海岛、海洋珊瑚岛及海滩植物都非常相似。我国珊瑚岛热带常绿乔木群落中的不少植物种类与太平洋热带海岸和海岛所共有，例如抗风桐、草海桐、海岸桐、银毛树、厚藤和水芫花（*Pemphis acidula*）等。这些植物不仅构成了珊瑚岛植被的主要成分，同时也反映出植被的特点。

　　珊瑚岛热带常绿乔木群落的外貌和结构因生境特殊，无法发展为热带雨林或季雨林类型的森林植被，也缺乏雨林、季雨林的特征，形成了珊瑚岛独有的常绿乔木群落类型。群落外貌终年常绿，基本无季相变化，层次结构比较简单，一般只有一层乔木，高一般为 8~10m，最高也不过 15m，分枝低矮，组成种类贫乏，常以单优势种出现，故林冠外貌一致。我国珊瑚岛热带常绿乔木群落共有 4 群系 6 群丛。

| 抗风桐群系 | *Pisonia grandis* Formation

抗风桐（*Pisonia grandis*）又称麻枫桐、白避霜花，因其抗风力强，多生长于海风强劲之处，故名抗风桐。为紫茉莉科避霜花属常绿大乔木，最高可达14m。花呈草绿色，果实棍棒状。花期夏季，果期夏末秋初。产于我国台湾和海南。

本种为西沙群岛最主要的高大乔木树种，在永兴岛和东岛等岛屿常成纯林。因受风影响，枝条很少，叶常丛生。当地用叶作为猪饲料。木材结构很疏松，材质不佳，多用作海边防风林树种。本种主要分布于西沙群岛的永兴岛、东岛、金银岛和琛航岛等，其中以永兴岛和东岛面积最大。此外，在南沙群岛的一些岛屿上也有小片分布。本种分布于环岛沙堤以内，地势低平之处，由于林内多有鲣鸟栖息，林下鸟粪厚可达1m，有机质含量极为丰富，形成了岛上最为肥沃的土壤。

| 抗风桐群丛 | *Pisonia grandis* Association

代表群丛位于永兴岛上，海拔2m。

群丛外貌呈苍绿色，树冠不甚茂密，常见白色枝干裸露。物种组成极为简单，由抗风桐组成单优乔木层，据统计每亩可达50株以上，生长密度颇大，覆盖度达100%。树高8~10m，最高可达14m，树干弯曲，分枝低矮且数量巨大，胸径一般在30~50cm，最大可达93cm。由于树龄较大，加之受台风的影响，林下除枯枝落叶之外，少有其他植物生长，因此林下阴暗而空旷。在林缘可见有海滨木巴戟（*Morinda citrifolia*）和马唐属（*Digitaria*）等植物生长。

抗风桐成年植株产生大量可由鸟类传播的种子，同时还有较强的营养繁殖能力，加之植株高大紧密，其他物种难以在林内正常生长而使得该群丛长期停留在单优势种演化阶段。

1. 抗风桐群丛群落外貌

1. 抗风桐群丛群落外貌

2. 抗风桐群丛群落结构

1. 抗风桐群丛群落结构

2. 抗风桐群丛林下的抗风桐幼苗

3. 抗风桐群丛林下凋落物层

| 抗风桐 + 海滨木巴戟群丛 | *Pisonia grandis*+ *Morinda citrifolia*
Association

群丛外貌青绿色至深绿色，主要片层受海上大风的影响，显露出白色的树干。林冠不齐，植株生长较为密集。群落结构简单，物种稀少，群丛总盖度达 99%。群丛层次分明，可分为明显的两层。乔木层平均高 7m，最高可达8m，胸径最大可达 55cm，以抗风桐为单优势种，层盖度为 85%。灌木层优势种为海滨木巴戟（*Morinda citrifolia*），一般高 2m，最高 3.5m。此外还见有银毛树，层盖度 15%。因林冠较密，林下草本较稀疏，仅见飞机草（*Chromolaena odorata*）、土牛膝、蒭雷草（*Thuarea involuta*）等散生，层盖度为 3%。

1. 抗风桐 + 海滨木巴戟群丛群落生境

<table>
<tr><td>1</td></tr>
<tr><td>2</td></tr>
</table>

1. 抗风桐＋海滨木巴戟群丛林冠层

2. 抗风桐＋海滨木巴戟群丛群落结构

代表群丛位于西沙群岛永兴岛，海拔 2m。

群丛外貌终年青绿色，春夏季缀以海岸桐开的白花。林冠不齐，呈波浪起伏状。群落结构简单，物种稀少，植株生长密集，郁闭度约 90%。群丛层次分明，可分为两层：乔木层高 8~10m，以抗风桐为优势种，层盖度约 60%；灌木层主要是草海桐和海岸桐，高度 5m 以下，层盖度 45%。由于林冠茂密，林下均为枯枝落叶而无草本生长，腐殖质丰富。藤本植物无根藤大量攀附于草海桐之上，偶见管花薯帘垂于林缘，藤本盖度约 9%。

1. 抗风桐 + 草海桐 + 海岸桐群丛群落外貌

1. 抗风桐 + 草海桐 + 海岸桐群丛群落外貌

2. 抗风桐 + 草海桐 + 海岸桐群丛群落结构

3. 抗风桐 + 草海桐 + 海岸桐群丛林下的草海桐

4. 抗风桐 + 草海桐 + 海岸桐群丛林冠层

5. 抗风桐 + 草海桐 + 海岸桐群丛中大量攀附于草海桐之上的无根藤

1	2	4
	3	5

海岸桐（*Guettarda speciosa*）别名黑皮树，属茜草科海岸桐属常绿小乔木，高 3~5m，罕达 8m。花白色，花期 4—7月。产台湾和海南，广泛分布于热带海岸。一般生长于海岸砂地的灌丛边缘，为滨海潮汐树种之一。本种分布于西沙群岛的金银岛、甘泉岛、永兴岛和东岛等环岛 50~100m 宽的沙堤上，在南沙群岛的太平岛等岛屿上亦有分布。作为岛屿的防风林，海岸桐群系常分布在全岛最高的地方，该处排水良好，土壤较干旱，有机质含量丰富。

| 海岸桐群丛 | *Guettarda speciosa* Association

本类型以位于甘泉岛的群落为代表群丛，海拔 3m。

群丛外貌常年深绿色，主要片层于春夏季开白色花。群丛林冠整齐，植株生长密集，总盖度达 98%。群落结构简单，可分为两层。乔木层以海岸桐为单优势种，高 2.5~5m，最高达 6.5m，多萌生枝，胸径一般为 10~15cm，最大达 25cm，基径可达 30~40cm，分枝很低，层盖度约 90%。灌木层主要是草海桐，多为丛生，如星般分布其内，层盖度约 10%。林下草本以椰子（*Cocos nucifera*）幼苗、牛鞭草（*Hemarthria sibirica*）和马唐属（*Digitaria* sp.）较为常见，层盖度仅 3%。

1 | 2

1. 海岸桐群丛群落生境
2. 海岸桐群丛群落外貌

1. 海岸桐群丛群落结构
2. 海岸桐群丛中的优势种—海岸桐
3. 海岸桐群丛林下草本层

| 红厚壳群系 | *Calophyllum inophyllum* Formation

　　红厚壳（*Calophyllum inophyllum*）又称海棠果，为红厚壳科红厚壳属常绿乔木，高 5~12m。花白色，果熟时黄色。花期 3—6 月，果期 9—11 月。产海南、台湾，野生或栽培于海拔 60~100（~200）m 的丘陵空旷地和海滨沙荒地上。种子含油量 20%~30%，种仁含油量为 50%~60%，油可供工业用，加工去毒和精炼后可供食用，也可供医药用。木材质地坚实，较重，心材和边材不明显，耐磨损和海水浸泡，不受虫蛀，适宜于造船、桥梁、枕木、农具及家具等用材。树皮含单宁 15%，可提制栲胶。

| 红厚壳群丛 | *Calophyllum inophyllum* Association

　　代表群丛位于晋卿岛，海拔 6m。

　　群丛外貌常年深绿色，春夏季时主要片层开白色大花，极为明显，赋予群丛丰富的季相。群丛林冠不齐，高可达 8m，植株生长密集，总盖度约 98%。群丛结构简单，可分为明显的两层。乔木层以红厚壳为单优势种，高 5~8m，基径达 60cm，层盖度约 70%。灌木层高 1~3m，优势种为海岸桐和草海桐，层盖度约 25%。样方内还见少量海滨木巴戟分布。草本层稀疏，仅见马缨丹一种。

1. 红厚壳群丛群落生境

1   1.红厚壳群丛群落外貌
—
2   2.红厚壳群丛群落外貌

1. 红厚壳群丛群落结构

2. 红厚壳群丛群落结构

1. 红厚壳群丛林下灌木层及草本层
2. 红厚壳群丛林下灌木层及草本层

| 橙花破布木群系 | *Cordia subcordata* Formation

橙花破布木（*Cordia subcordata*）属紫草科破布木属常绿小乔木，高约3～8m。花大，花冠橙红色，漏斗形。花果期6月。本种是南海诸岛常见建群种之一，主要分布于西沙群岛，生于海岸沙地疏林及海岛砂质土上。

| 橙花破布木 + 草海桐群丛 | *Cordia subcordata* + *Scaevola taccada* Association

代表群丛位于永兴岛，海拔5m。

群丛外貌呈黄绿色至深绿色，主要树种橙花破布木于每年6月开橙色大花。群丛林冠不齐，呈波浪状起伏，平均高度1.5m，其中橙花破布木最高可达2.3m。植株生长密集，覆盖度高达90%。群丛结构简单，物种组成较为丰富。灌木层优势种为橙花破布木和草海桐，其他有蛇藤（*Colubrina asiatica*），海滨木巴戟等，偶见榄仁树（*Terminalia catappa*）、抗风桐的小苗。林下草本层稀疏，林缘有大量李花菊生长，层盖度约8%。藤本种类较少，仅有无根藤和管花薯，其中无根藤在林缘大量分布，层盖度约10%。

1. 橙花破布木 + 草海桐群丛群落外貌

1　1. 橙花破布木 + 草海桐群丛群落结构
2　2. 橙花破布木 + 草海桐群丛中的优势种—橙花破布木

珊瑚岛热带常绿灌木群落

Coral Island Tropical Evergreen Shrub Community

　　珊瑚岛热带常绿灌木群落与珊瑚岛热带常绿乔木群落一样，都是珊瑚岛早期植被的产物。珊瑚岛热带常绿灌木群落在我国热带珊瑚岛各岛屿均有分布。在具森林的岛上，灌木群落分布在森林的外缘，或呈块状楔入森林迹地（广东省植物研究所西沙群岛植物调查队，1977）。

　　珊瑚岛热带常绿灌木群落不同于大陆性岛屿上的灌丛，在构成群落的种类中，没有落叶的类型，而由常绿的具中型或小型肉质叶的植物所构成。它们的枝干机械组织不发达，富含贮水的薄壁细胞。组成群落的植物种类简单，常由不同的优势种组成不同的单优势群丛。因此我们将珊瑚岛热带常绿灌木群落作为一种植被型加以描述。我国珊瑚岛热带常绿灌木群落具6群系，9群丛。

草海桐群系广泛分布于各珊瑚岛上，面积较大，其中以西沙群岛的广金岛、琛航岛、北岛、南岛以及南沙群岛的太平岛等最为普遍，从海滨高潮线直至岛的中部都有出现，但以生长在沿岛沙堤及其内侧的最为茂盛。

我国热带珊瑚岛常绿林中的草海桐群系包括三个群丛：草海桐群丛（*Scaevola taccada* Association）、草海桐 + 海岸桐群丛（*Scaevola taccada + Guettarda speciosa* Association）和草海桐 + 银毛树群丛（*Scaevola taccada + Tournefortia argentea* Association），群落外貌终年常绿，林冠不整齐，草海桐占绝对优势，植株生长密集。这与我国热带大陆岛上的草海桐群系较为相似，但前者群落结构更为简单，物种丰富度较低。

1. 草海桐群丛 – 北岛

代表群丛位于西沙群岛的北岛。

群丛外貌整齐，终年青绿色，其中草海桐最高可达 1.5m，植株生长密集，盖度约 100%，群丛结构简单，物种较少，以草海桐为绝对优势种，其盖度高达 95%，偶见银白色的银毛树（*Tournefortia argentea*）点缀其中，除此之外未见其他植物生长。

该地的风力较大，因此植被较为低矮。

1. 西沙群岛北岛上的草海桐群丛群落生境

1. 西沙群岛北岛上的草海桐群丛群落结构

$\dfrac{1}{2 \mid 3}$

2. 西沙群岛西沙洲上的草海桐群丛

3. 西沙群岛南岛上的草海桐群丛

1　1. 西沙群岛南沙洲上的草海桐群丛

2　2. 西沙群岛中沙洲上的草海桐群丛

| 草海桐 + 海岸桐群丛 | *Scaevola taccada+ Guettarda speciosa* Association

本类型代表群丛位于甘泉岛。

群丛外貌终年青绿色，海岸桐于春夏季开白花，缀以群丛白色斑点。林冠不齐，呈波浪状起伏，结构简单，物种稀少，植株生长密集，分枝多，总盖度达 95%。群丛层次较为明显，可分为两层：第一层高 2~3m，由较为高大的海岸桐所组成，层盖度约为 40%；第二层以草海桐为单优势种，层盖度高达 60%，夹杂以海岸桐的幼树。群丛内见一株抗风桐（*Pisonia grandis*）的幼苗，高仅 1.5m。林下无草本覆盖，藤本偶见管花薯（*Ipomoea violacea*）攀附于林缘的树冠上。

1. 甘泉岛上的草海桐 + 海岸桐群丛群落生境

1. 甘泉岛上的草海桐 + 海岸桐群丛群落外貌

2. 甘泉岛上的草海桐 + 海岸桐群丛群落外貌

3. 甘泉岛上的草海桐 + 海岸桐群丛群落外貌

$\dfrac{1}{2}$
3

1. 甘泉岛上的草海桐＋海岸桐群丛群落结构

2. 甘泉岛上的草海桐＋海岸桐群丛群落结构

3. 甘泉岛上的草海桐＋海岸桐群丛群落结构

| 草海桐 + 银毛树群丛 | *Scaevola taccada+ Tournefortia argentea*
Association

代表群丛位于中岛，海拔 3m。

群丛外貌青白相接，青绿色的草海桐中夹杂着大片银白色的银毛树，春夏季时银毛树开白花更缀以群丛白色的季相。群丛林相较为整齐，高度差异不大，最高不超过 3m，呈小幅波浪状起伏，结构简单，物种多样性低，总盖度约为 99%，以草海桐和银毛树为优势种。草本层稀疏，林下未见有其他物种生长。林缘有少量细穗草（*Lepturus repens*）分布，偶见小丛铺地刺蒴麻（*Triumfetta procumbens*）生长。藤本仅见管花薯，盖度极低。

1
—
2

1. 西沙群岛中岛上的草海桐 + 银毛树群丛群落生境
2. 西沙群岛中岛上的草海桐 + 银毛树群丛群落外貌

1. 西沙群岛中岛上的草海桐＋银毛树群丛群落外貌

1 / 2 | 3

2. 西沙群岛中岛上的草海桐＋银毛树群丛优势种—草海桐和银毛树

3. 西沙群岛中岛上的草海桐＋银毛树群丛优势种—草海桐和银毛树

| **银毛树群系** | *Tournefortia argentea* Association

银毛树（*Tournefortia argentea*）因其枝叶上密被银白色细毛，在阳光下闪闪发光而得名，为紫草科紫丹属常绿小乔木，在生境较为恶劣时呈丛生灌木状，产于台湾和海南，幼叶可做蔬菜。本种广泛分布于各个岛屿的海岸沙堤前沿高潮线以上的沙滩地，其内侧常与草海桐林交错分布，但分布面积比草海桐林小。群丛所在地处于海岸前沿，受风浪影响大。土壤为珊瑚细沙，沙层深厚，有机质含量低，盐分含量高。

| **银毛树群丛** | *Tournefortia argentea* Association

代表群丛位于北岛。

群丛外貌终年银灰绿色，主要片层于春夏季开白花，赋予群丛一定的季相变化。群丛林冠参差不齐，呈球状紧密排列，形如花坛，覆盖度约90%。群落结构简单，灌木层以银毛树占绝对优势，其高度一般为1~1.5m，林缘个别植株可达3m。树干弯曲，分枝低，常贴地外伸，尤其是生长于沙滩上的植株。草海桐星状分布于其中，层盖度达80%。草本层稀疏，优势种为细穗草，偶见黄细心（*Boerhavia diffusa*）、海滨大戟、孪花菊等，层盖度约15%。藤本较少，仅见无根藤一种。

1. 北岛上的银毛树群丛群落生境

| 水芫花群系 | *Pemphis acidula* Formation

我国热带珊瑚岛常绿林中的水芫花群系仅包含 1 个群丛，即水芫花群丛（*Pemphis acidula* Association）。群落结构简单，灌木层优势种水芫花植株生长密集，植株矮小，无明显层次；草本层以禾草类占优势。这与我国热带大陆岛上的水芫花群丛十分相似，但前者草本层仅见细穗草一种，后者草本层具多种禾草类植物。

| 水芫花群丛 | *Pemphis acidula* Association

本种是一种海岸岩生灌木林，分布于东岛、金银岛和甘泉岛等岛屿的海滨珊瑚石灰岩上。所在地风大，阳光强烈，环境干旱。代表群丛位于东岛，处于海岸迎风面，海拔 8m。群丛生长于岩砂之上，土层较薄，有机质含量很低。

群丛外貌呈大丛黄绿色镶嵌于一片淡黄白色中，春夏季时水芫花开白色小花点缀其间。本群丛结构简单，总盖度达 90%。灌木层主要由水芫花单一植物组成，植株矮小，常成群生长，高度不及 70cm。孤立生长的可达 1.5m，树干弯曲，分枝多而密集，形成酷似帚形的树冠。偶见草海桐，海滨木巴戟（*Morinda citrifolia*）和伞序臭黄荆（*Premna serratifolia*）等。草本层种类单一，以细穗草为优势种，除此之外仅见马缨丹（*Lantana camara*）一种。

据文献记载，在台湾附近的珊瑚岛上，还分布着由水芫花、核果木（*Drypetes indica*）、黄杨叶柿（*Diospyros buxifolia*）和山榄（*Planchonella obovata*）等组成的常绿灌木林，其群落结构更加复杂，物种更为丰富（吴征镒，1980）。

1. 中国热带珊瑚岛上的水芫花群丛群落生境

1. 水芫花群丛中的建群种—果期的水芫花

1	2
3	4

2. 中国热带珊瑚岛上的水芫花群丛中的一株草海桐

3. 水芫花群丛群落外貌

4. 涂铁要博士在东岛上观察水芫花

1. 水芫花群丛群落外貌

2. 水芫花群丛群落外貌

3. 水芫花群丛群落外貌

1. 水芫花群丛群落结构

2. 水芫花群丛林下凋落物层

3. 水芫花群丛中的建群种—水芫花

| 海人树群系 | *Suriana maritima* Formation

海人树（*Suriana maritima*）又名滨樗，属海人树科海人树属常绿灌木，偶为小乔木。高1~3m。花黄色，果实近球形。花果期夏秋季。产台湾及西沙群岛等地。本种广泛分布于西沙群岛各个珊瑚岛上，东沙群岛的东沙岛也有分布，主要生长于沿岛沙堤及其内侧。

| 海人树群丛 | *Suriana maritima* Association

本类型以位于东岛的群丛为代表群丛，海拔3m。

群丛外貌终年呈淡黄绿或黄绿色，主要片层于夏秋季开黄色小花，但季相变化不明显。群丛林冠不齐，呈波浪状起伏，植株生长密集，群落结构较简单，覆盖度达95%。主要为海人树组成的单优灌木层，偶见银毛树、草海桐和海岸桐等，平均高度2m，最高可达2.5m。草本层物种极少，仅见细穗草、黄细心等。

1. 海人树群丛群落生境

本群丛常见于西沙群岛南岛和东岛。

群丛外貌呈黄白色，嵌以大面积黄绿色或草黄色的斑块，冬季细穗草枯黄，赋予群丛明显的季相变化。群丛林冠不齐，平均高度不足 1m。结构简单，物种多样性低，植株生长稀疏，总盖度约 70%。灌木层以海人树为优势种，伴生种有草海桐和银毛树，层盖度达 60%。草本物种不多，优势种为细穗草，偶见小丛铺地刺蒴麻，层盖度为 15%。

1
2

1. 海人树 + 草海桐群丛群落生境
2. 海人树 + 草海桐群丛群落外貌

| 许树群系 | *Clerodendrum inerme* Formation

许树（*Clerodendrum inerme*）俗称苦郎树、假茉莉，为唇形科大青属攀援状灌木，高可达 2m。根、茎、叶有苦味，故又称为苦郎树。花白色，芳香，花丝紫红色，与花柱同伸出花冠。花果期 3—12 月。产福建、台湾、广东、广西。常生长于海岸沙滩和潮汐能至的地方。本种耐旱、耐盐碱，可作为我国南部沿海防沙造林树种。在我国热带珊瑚岛上，本种常见于西沙群岛永兴岛、甘泉岛和珊瑚岛等岛屿上，其形成的灌木林呈块状分布。其生境具有深厚的珊瑚沙层，并有富磷的鸟粪堆积，有机质丰富。

| 许树群丛 | *Clerodendrum inerme* Association

该群丛在南海诸岛并不常见，但是在甘泉岛有较大面积分布。代表群丛位于甘泉岛。

群丛外貌终年黄绿色至绿色，林冠较为整齐，群丛结构简单，植株生长密集，总盖度约 95%。灌木层可分为明显的两层，主要以许树为单优势种，株高 1~1.5m。林中偶见海滨木巴戟（*Morinda citrifolia*）、海岸桐等混生，层盖度约 90%。林下较为阴暗，少有草本植物生长，林间空隙处偶见黄细心、南美蟛蜞菊（*Sphagneticola trilobata*）和细穗草等散生。林缘地段则出现一些阳性物种，如金边龙舌兰（*Agave americana* var. *marginata*）、马齿苋（*Portulaca oleracea*）和飞扬草（*Euphorbia hirta*）等，层盖度为 10%。

1. 许树群丛群落外貌

1. 许树群丛群落外貌

2. 许树群丛群落外貌

3. 许树群丛中的海岸桐

4. 许树群丛中的金边龙舌兰

<table>
<tr><td>1</td></tr>
<tr><td>2</td><td>3</td><td>4</td></tr>
</table>

伞序臭黄荆群系 | *Premna serratifolia* Formation

伞序臭黄荆（*Premna serratifolia*）别名钝叶臭黄荆，为唇形科豆腐柴属直立灌木至乔木，聚伞花序在枝顶端组成伞房状。花冠黄绿色，核果圆球形。花果期4—10月。产我国台湾、广西及海南。生于海边、平原或山地的树林中。在我国热带珊瑚岛中，伞序臭黄荆群系仅见于西沙群岛东岛、永兴岛的局部地方，生长于海岸前沿的沙堤上，地形向岛屿中部及海岸两面倾斜，排水迅速，保水能力差。土壤由珊瑚细沙、鸟粪和植物残落物组成，缺乏黏粒，有机质含量低。

伞序臭黄荆群丛 | *Premna serratifolia* Association

代表群丛位于东岛。

群丛外貌为黄绿色至深黄色，林冠不整齐，呈波浪状起伏，植株生长稀疏，群落结构简单。群丛高度3m，郁闭度80%。灌木层以伞序臭黄荆的数量最多，盖度达35%，草海桐数量也较多。海滨木巴戟、银毛树和蓖麻则单株散生于林间。此外，在群丛边缘还生长有一株椰子。草本层种类较少，仅见蒭雷草、飞机草、马缨丹等散生，层盖度40%。藤本植物常见无根藤寄生于伞序臭黄荆和草海桐之上，或铺地生长，另可见少数长管牵牛。

该群丛地处海岸边，长期遭受风浪侵袭，因此灌木层植株多呈丛状，分枝低矮。组成群丛的植物种类比其他灌木群丛稍丰富，说明其具有一定的发展潜力。

1. 伞序臭黄荆群丛群落生境

1. 伞序臭黄荆群丛中的优势种—伞序臭黄荆

2. 伞序臭黄荆群丛中的优势种—
伞序臭黄荆的伞房状聚伞花序

$\frac{1}{2}$

珊瑚岛热带草本群落

Coral Island Tropical Herbaceous Community

　　中国热带珊瑚岛由于面积小、海拔低、地势平坦、土壤贫瘠，孕育了特殊的珊瑚岛热带草本群落，是海岛植被起始阶段的群落。珊瑚岛热带草本群落常呈带状分布于珊瑚岛海滨沙滩地带，外侧与海滨高潮线相接，内侧为珊瑚岛热带乔木或灌木群落（张宏达，1974）。

　　珊瑚岛热带草本群落中组成种类常常具有匍匐茎，或植株低矮，多靠营养体繁殖，易于在恶劣生境中生存下去。沙堤内缘物种相对丰富，植物匍匐生长或呈垫状，地上部分矮小，地下部分发达。如厚藤、细穗草（*Lepturus repens*）等。有些植物叶子很小，具刺的种类较多，如海马齿、海滨大戟（*Euphorbia atoto*）、黄花棯属（*Sida* spp.）、过江藤和刺蒴麻属（*Triumfetta* spp.）等。我国珊瑚岛热带草本群落共有 3 群系 4 群丛。

我国热带珊瑚岛上的厚藤群系包含2个群丛，即厚藤群丛（*Ipomoea pes-caprae* Association）和厚藤＋南美蟛蜞菊群丛（*Ipomoea pes-caprae*+ *Sphagneticola trilobata* Association），广泛分布于各个岛屿上的海岸沙堤前沿高潮线以上的沙滩地，常呈单优群落，这与我国热带大陆岛上的厚藤群系十分相似。

| 厚藤群丛 | *Ipomoea pes-caprae* Association

本类型代表群丛位于银屿。

群丛平均高度不及10cm，外貌呈现为稀疏矮小的绿色草丛散布于白色的沙带上，厚藤四季开紫红色大花。群丛以厚藤为绝对优势种，其种盖度可达60%，其他草本仅见海滨大戟有少量分布。灌木可见银毛树和草海桐的幼苗星布其中。在厚藤覆盖度较低的海滩上还可见细穗草、马齿苋（*Portulaca oleracea*）和椰子（*Cocos nucifera*）幼苗等。

1 | 2
　　1. 我国热带珊瑚岛上的厚藤群丛群落生境
　　2. 我国热带珊瑚岛上的厚藤群丛群落外貌

| 厚藤 + 南美蟛蜞菊群丛 | *Ipomoea pes-caprae*+ *Sphagneticola trilobata* Association

代表群丛位于永兴岛。

群丛外貌犹如一张绿色地毯平铺于沙地，偶有黄白色露出，高 5~20cm。主要物种厚藤和南美蟛蜞菊（*Sphagneticola trilobata*）开紫红色大花和黄色花。群丛内仅有草本植物，覆盖度为 85%，物种较为丰富，可见较多过江藤、龙爪茅（*Dactyloctenium aegyptium*）、海滨大戟、磨盘草（*Abutilon indicum*）、蒺藜草（*Cenchrus echinatus*）、孪花菊和龙珠果（*Passiflora foetida*）等。入侵种南美蟛蜞菊在本群丛中分布较多，并且仍有扩张之势，需注意防除。

1. 厚藤 + 南美蟛蜞菊群丛群落外貌

中国热带海岛植被

1. 厚藤 + 南美蟛蜞菊群丛中的过江藤

| 铺地刺蒴麻群系 | *Triumfetta procumbens* Formation

铺地刺蒴麻（*Triumfetta procumbens*）属锦葵科刺蒴麻属匍匐草本。花黄色，花果期5—9月。产于南海诸岛。本种广泛分布于各珊瑚岛的海边沙滩上，自海岸前沿至岛中心都有分布，受风浪影响较大。土壤为珊瑚细沙，沙层深厚，有机质含量较低，而盐分含量较高，生长条件极为恶劣。可用于防风固沙。

| 铺地刺蒴麻 + 草海桐群丛 | *Triumfetta procumbens* + *Scaevola taccada* Association

代表群丛位于中沙洲。

群丛远观为一片淡黄白色，间杂有黄绿色的斑块。植物稀疏生长，总盖度40%。草本以铺地刺蒴麻为绝对优势种，伴生种有细穗草、海滨大戟和飘拂草（*Fimbristylis* sp.）。灌木可见数丛草海桐、银毛树如星般分布其中，盖度不及6%。

1. 北沙洲上的铺地刺蒴麻 + 草海桐群丛群落生境

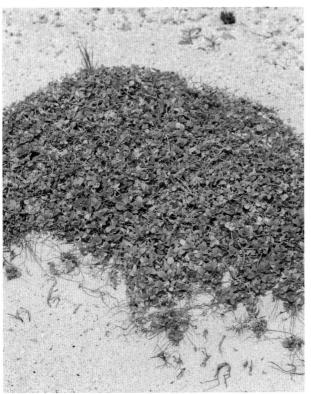

1. 中沙洲上的铺地刺蒴麻 + 草海桐群丛群落生境

2. 铺地刺蒴麻 + 草海桐群丛中的优势种—铺地刺蒴麻

3. 南岛上的铺地刺蒴麻 + 草海桐群丛群落生境

1
—
2 | 3

| 细穗草群系 | *Lepturus repens* Formation

细穗草（*Lepturus repens*）为禾本科细穗草属多年生草本。本种为南海诸岛砂生草丛的常见种，一般分布于沙层深厚、有机质含量很低的海边沙滩上，受风浪影响较大。可用于防风固沙。

| 细穗草群丛 | *Lepturus repens* Association

本群丛以南沙洲为代表群丛，海拔 3m。

群丛外貌一年内自枯黄至黄褐色变为深绿色，结构简单，平均高度 20cm。群丛内物种稀少，植株密集生长，总盖度达 90%。草本以细穗草为绝对优势，偶见中华黄花稔（*Sida chinensis*）、粗齿刺蒴麻（*Triumfetta grandidens*）和黄细心等。灌木可见少量草海桐和银毛树。

值得一提的是，本群丛背后紧靠着大片的草海桐林，说明本种可用作岛礁绿化的先锋草种。

1. 北岛上的细穗草群丛群落生境

1. 北岛上的细穗草群丛群落外貌
2. 北岛上的细穗草群丛优势种—细穗草
3. 南沙洲上的细穗草群丛群落外貌
4. 西沙洲上的细穗草群丛群落外貌

$\dfrac{1}{2}\ \bigg|\ \dfrac{3}{4}$

珊瑚岛热带常绿乔木群落
Coral Island Tropical Evergreen Arbor Community

珊瑚岛热带常绿灌木群落
Coral Island Tropical Evergreen Shrub Community

珊瑚岛热带草本群落
Coral Island Tropical Herbaceous Community

珊瑚岛热带湖沼植物群落
Coral Island Tropical Limnetic Plants Community

珊瑚岛热带栽培植物群落
Coral Island Tropical Cultivated Plants Community

珊瑚岛热带湖沼植物群落
Coral Island Tropical Limnetic Plants Community

　　我国热带珊瑚岛在成岛过程中，由于特大风浪的迅速堆积作用，在一些岛的腹部地带形成了季节性的沼泽和浅水滩，湖沼植被就是分布于这些季节性沼泽和浅水滩中的植物群落（广东省植物研究所西沙群岛植物调查队，1977）。由于其生境特殊，有自己独特的发展过程及生态序列，同时与周围的森林和灌木植被又有一定的联系，因此我们将它作为我国热带珊瑚岛的一个特殊的植被型加以叙述。

　　我国热带珊瑚岛湖沼植物群落包括 1 群系，1 群丛。由于长期以来的暴雨对岛上地形的冲刷，加之严重的人为干扰，现存的湖沼植物群落面积已经不大，而且正处在不断变化和缩小的过程之中。

| **海马齿群系** | *Sesuvium portulacastrum* Formation

海马齿（*Sesuvium portulacastrum*）为番杏科海马齿属多年生肉质草本。花期4—7月。产福建、台湾、广东、海南，生于近海岸的沙地上或沼泽中。

| **海马齿群丛** | *Sesuvium portulacastrum* Association

代表群丛位于东岛。

群丛如位于近海沼泽地，可见灰褐色的岩石母质和黄白色的砂质带，散布有稀疏的黄色至黄绿色草丛。群丛内仅见海马齿一种植物，形成单优群落，匍匐生长，高度不及5cm。海马齿在靠近海的一侧密度较大，岛中心则变得稀疏，总盖度可达40%。

本群丛位于珊瑚岛常绿林林缘时（东岛），由于其土壤层较厚，有机质含量较高，草本层物种变得丰富，伴生种有羽状穗砖子苗（*Cyperus javanicus*）、滨豇豆、细穗草和禾本科等。

1. 海马齿群丛

1. 赵述岛上的海马齿群丛群落生境

2. 珊瑚岛湖沼边缘的海马齿群丛群落生境

3. 海马齿群丛中的优势种——海马齿

4. 海马齿群丛中的滨豇豆

1
2 | 3 | 4

珊瑚岛热带栽培植物群落
Coral Island Tropical Cultivated Plants Community

　　我国热带珊瑚岛，尤其是西沙群岛历来都是我国劳动人民居住和生产的地方。长期以来，我国劳动人民在西沙群岛进行生产与斗争的过程中，不仅引种了多种多样的栽培植物，同时还摸索了一套在珊瑚岛上进行引种栽培的经验。我国热带珊瑚岛上目前栽培植物最多的岛屿有永兴岛、东岛、金银岛、琛航岛等，据调查统计，我国南海诸岛的栽培植物共有 102 种（张浪 等，2011），其中属于防护林和绿化树种的木麻黄、榄仁树以及作为热带经济植物的椰子，在岛上长势良好，在部分地区已成纯林。这些栽培植被现在称为"近自然节约型功能性"植物群落，与天然植被一起构成了安全、宜居和可持续发展的热带珊瑚岛。我国热带珊瑚岛上栽培的木麻黄、榄仁树群落，与其他地区的木麻黄、榄仁树群落有着十分明显的不同。因此，我们将我国热带珊瑚岛上的栽培植被作为一种特殊的植被型—珊瑚岛热带栽培植物群落加以叙述。此外，在南部海域的一些新建珊瑚上，新近构建的近自然植被多为草海桐、海人树、银毛树、抗风桐、厚藤等，本书不做进一步描述。我国自然珊瑚岛热带栽培植物群落包括 2 群系，2 群丛。

中国热带珊瑚岛常绿林中的木麻黄群系仅包括一个群丛：木麻黄群丛（*Casuarina equisetifolia* Association）。与我国热带大陆岛和火山岛上的木麻黄群系相似，建群种均为人工栽培的木麻黄，植株生长密集，林冠不整齐，受人为影响较大。所不同的是，珊瑚岛常绿林中的木麻黄群系群落结构更为简单，乔木仅具一层；物种极其稀少；林下除枯枝落叶外几无草本生长，较为荒凉。

| 木麻黄群丛 | *Casuarina equisetifolia* Association

本类型分布于珊瑚岛海岸高潮线以上地段，多为人工栽培，一些地方逸为野生。以西沙洲为代表群丛。

群丛外貌终年呈深绿色到草黄绿色，主要片层于春夏季开酒红色花，但季相变化不明显。群丛林冠锯齿形，植株生长密集，总郁闭度达85%。群落结构简单，物种稀少。群丛层次分明，乔木层只有一层，高6~10m，层盖度约80%，以木麻黄为单优势种。灌木层高1.5~5m，物种分散，主要树种为榄仁树，林缘可见草海桐、银毛树等，层盖度达80%。由于林冠郁闭度高，林下除枯枝落叶外几无草本生长，林缘可见李花菊、细穗草和厚藤等，层盖度约10%。

1. 木麻黄群丛群落生境

1. 木麻黄群丛群落外貌

1
―
2

1. 木麻黄群丛林下灌木层

2. 木麻黄群丛林下草本层

| 椰子群系 | *Cocos nucifera* Formation

椰子（*Cocos nucifera*）为棕榈科椰子属常绿乔木状树种，高 15~30m。主要产于我国广东南部诸岛及雷州半岛、海南、台湾及云南南部热带地区。本种树形优美，是热带地区绿化美化的优良树种，在南海诸岛常作为绿化树种。

| 椰子 + 榄仁树群丛 | *Cocos nucifera*+ *Terminalia catappa* Association

此类型为人工种植群丛，一般距离人类居住地不远，由于人类活动频繁，群丛受干扰严重，物种多样性较高。代表群丛位于永兴岛。

群丛外貌呈深绿色，主要片层开花不明显。群丛林冠不整齐，植株生长较密集，郁闭度达 75%。群落结构较复杂，层次分明。乔木层可分为明显的两层。第一层高 10~15m，由少数椰子组成，最大胸径 23.5cm，层盖度约 30%。第二层高 2~5m，榄仁树占较大优势，偶见香蕉（*Musa nana*）和抗风桐等，层盖度达 50%。由于林下光照充足，林下草本层发达，但种类较少，层盖度约 40%。以南美蟛蜞菊为绝对优势，其次有较多椰子幼苗，表明其更新良好。见有红瓜（*Coccinia grandis*）、管花薯等，在林缘还常有滨豇豆（*Vigna marina*）分布。

1. 椰子 + 榄仁树群丛群落结构

1　1. 椰子＋榄仁树群丛林下的香蕉
2　2. 椰子＋榄仁树群丛林下灌木层及草本层

5

Tropical Volcanic Island Vegetation in China

中国热带火山岛植被

火山岛的生境特征与植被概况

　　在我国数量众多的火山岛中，我们选取涠洲岛和斜阳岛作为中国热带火山岛的代表。涠洲岛位于广西北海市北部湾海域中部，北临北海市，东望雷州半岛，东南与斜阳岛毗邻，南与海南岛隔海相望，西面朝向越南。二岛均属于亚热带海洋性季风气候，年平均气温 22.9℃，极端最高温度 37.1℃，极端最低温度 2℃。年均降水量 1670mm，降水集中于 5—9 月。涠洲岛总面积 24.74km²，南高北低，最高海拔 79m。斜阳岛面积 1.89km²，西北高，东南低，最高海拔 140m。涠洲岛土壤为棕红壤，富含铁铝硅，斜阳岛土壤主要由火山灰土组成（莫权辉 等，1993）。

　　两岛因其独特的地质地貌景色，现已发展成为著名的旅游区，故植被受人类活动影响较大。岛上的原生植被已不复存在，主要是被砍伐后人工栽植或自身演替形成的次生植被（彭定人，2019）。常见群丛的建群种为台湾相思、银合欢（*Leucaena leucocephala*）和木麻黄等人工栽培种。岛上分布有数量巨大的以仙人掌为优势种的灌丛，露兜树、刺葵等有刺灌木种亦常见。

　　我国热带火山岛上的植被类型包括南亚热带常绿、落叶阔叶混交林，南亚热带常绿阔叶林，灌丛和灌草丛这 4 个植被型，共有 7 群系 9 群丛。

中国热带火山岛植被类型

常绿阔叶林
Evergreen Broad—leaved Forest

常绿、落叶阔叶混交林
Evergreen Mixed Deciduous Broad-leaved Forest

灌丛
Shrub

灌草丛
Shrubs Gras

常绿阔叶林
Evergreen Broad—leaved Forest

由于长期受到人类持续不断地活动的干扰，我国热带火山岛上的原生植被早已不复存在。现存植被主要是砍伐后人工栽植或自身演替形成的次生常绿阔叶林，这与我国热带大陆性岛屿上的常绿阔叶林有着本质的不同（参见本书第 3 章）。截至目前，我国热带火山岛上的常绿阔叶林仅见以台湾相思、银合欢和木麻黄等为建群种的人工栽培植被，群落结构较为简单，物种多样性不高，发展十分缓慢。

中国热带火山岛上的常绿阔叶林包括 3 群系 4 群丛。

中国热带火山岛上的台湾相思群系包括两个群丛：台湾相思群丛（*Acacia confusa* Association）和台湾相思 + 银合欢群丛（*Acacia confusa+ Leucaena leucocephala* Association）。与中国热带大陆性岛屿上的台湾相思群系相比，该群落所处的海拔较低，地势陡峭；群落结构较为简单，层次不明显；层间植物种类单一；群丛处于缓慢发展阶段，物种丰富度不高（参见本书第 3 章）。

| 台湾相思群丛 | *Acacia confusa* Association

本群丛常见于涠洲岛和斜阳岛，代表群丛位于涠洲岛南湾附近一废弃训练基地附近，北纬 21°01′ 40.48″，东经 109° 06′ 42.74″，海拔 29m。地势较陡，坡度 30°。土壤浅褐色，pH 6.4，凋落物层和腐殖质层较厚。

群丛外貌呈现为黄绿色，主要片层于春夏秋季开黄色花，赋予群丛丰富的季相。群丛林冠不齐，结构较复杂，物种较丰富，层次不明显，郁闭度约 80%。乔木层可分为两层。第一层高 8~10m，优势种是台湾相思，其次为黄槿（*Hibiscus tiliaceus*）和苹婆（*Sterculia monosperma*），层盖度约 100%。第二层高 4~5m，散布有潺槁树、鹊肾树（*Streblus asper*）、银合欢和白楸，层盖度达 40%。灌木层平均高 1.5m，以银合欢为优势种，亦分布有较多的细叶榕（*Ficus microcarpa*）、朴树（*Celtis sinensis*）、阴香（*Cinnamomum burmannii*）、基及树（*Carmona microphylla*）和大青（*Clerodendrum cyrtophyllum*）等，层盖度约 30%。林下草本较为丰富，分布最多的是白花丹（*Plumbago zeylanica*），其次有华南毛蕨（*Cyclosorus parasiticus*）、鞭叶铁线蕨（*Adiantum caudatum*）、剑叶凤尾蕨（*Pteris ensiformis*）、火炭母（*Polygonum chinense*）和鬼针草等，层盖度达 50%。

该群丛为典型的人工栽培植被，为衰退中的台湾相思林。如果没有人为干扰，群落中的阔叶树种最终将取代台湾相思而成为优势种。

1. 涠洲岛上的台湾相思群丛群落生境

1. 涠洲岛上的台湾相思群丛群落外貌

2. 涠洲岛上的台湾相思群丛群落结构

3. 涠洲岛上的台湾相思群丛林下草本层

本群丛常见于涠洲岛和斜阳岛路旁，为岛上常见的人工群落。代表群丛位于斜阳岛，北纬 21°00′38.73″，东经 109°05′53.27″处，海拔 30m。地势较陡，坡向东北，坡度 45°。土层较硬，土壤红褐色，pH 为 6.8，凋落物层厚约 1.5cm，腐殖质层较薄。

群丛外貌黄绿色，主要树种银合欢于春夏季开白色花，台湾相思于春夏秋季开黄色花，赋予群丛丰富的季相变化。群丛结构简单，物种丰富度较低，层次明显，总盖度约 97%。群丛分为明显的两层。乔木层第一层高 8~10m，为三株胸径较大的台湾相思，层盖度约 15%。乔木层第二层高 4~8m，优势种为银合欢，另有朴树、潺槁树和龙眼等，层盖度 85%。林下草本稀疏生长，种类亦不多，有基及树、淡竹叶、弓果黍、海芋、白子菜（*Gynura divaricata*）和地桃花（*Urena lobata*）等。林缘可见露兜树幼苗，层盖度不及 10%。藤本占一定优势地位，种类不多，但数量不少，盖度约 20%，匙羹藤为绝对优势种，大量攀附于银合欢等乔木树干之上。另有海岛藤、土茯苓等，盖度约 20%。

该群丛处于道旁路边，建群种均为人工种植，故物种多样性不高，群丛处于不断发展之中。

1. 斜阳岛上的台湾相思 + 银合欢群丛群落结构

$\dfrac{1}{2}$ 1. 斜阳岛上的台湾相思＋银合欢群丛群落结构

2. 斜阳岛上的台湾相思＋银合欢群丛林下灌木层

3. 斜阳岛上的台湾相思＋银合欢群丛林下草本层

　　中国热带火山岛上的木麻黄群系仅包含一个群丛：木麻黄 + 露兜树群丛
（*Casuarina equisetifolia* + *Pandanus tectorius* Association）。与中国热带大陆性岛
屿上的木麻黄群系相比，群落结构更为简单，物种稀少；林下草本成丛分布；
无藤本植物（参见本书第四章）。与中国热带珊瑚岛常绿林中的木麻黄群系相比，
乔木层具 2 个明显的层次，林下草本较多。

| 木麻黄 + 露兜树群丛 | *Casuarina equisetifolia* + *Pandanus tectorius*
Association

　　本群丛常见于涠洲岛海岸线沙滩高潮线以上，代表群丛位于涠洲岛水港水
产站附近，北纬 21°03′56.30″，东经 109°07′59.53″，海拔 3m。地势较平，
土壤浅黄色，土质疏松，含砂量较大。凋落物层较厚，但腐殖质层薄。

　　群丛外貌黄绿至深绿色，林冠不齐。群落结构简单，物种稀少，层次明显，
总盖度约 90%。乔木层可分为两层。第一层高 11~13m，优势种为木麻黄，层
盖度 60% 左右。第二层高 5~9m，仅有苦楝分布，层盖度约 30%。灌木层以
露兜树为优势种，生长稀疏，其他有朴树、马缨丹、银合欢和潺槁树等，层盖
度约 40%。林下草本层物种呈丛状分布，以鬼针草为优势种，夹杂有土牛膝、
白花丹、虎尾兰（*Sansevieria trifasciata*）和黄花棯等，层盖度达 40%。

　　本群丛建群种为人工种植的木麻黄，其长势较好，对群落的发展有积极
贡献。

1. 涠洲岛上的木麻黄 + 露兜树群丛群落外貌

1. 涠洲岛上的木麻黄＋露兜树群丛群落结构

1
———
2 | 3

2. 涠洲岛上的木麻黄＋露兜树群丛林下草本层

3. 涠洲岛上的木麻黄＋露兜树群丛中的露兜树

| 构树群系 | *Broussonetia papyrifera* Formation

构树（*Broussonetia papyrifera*）俗名毛桃、谷树、谷桑、楮桃，为桑科构属大乔木，高 10～20m。在北方冬天落叶，南方为常绿。聚花果成熟时橙红色，肉质。花期 4—5 月，果期 6—7 月。产我国南北各地。本种韧皮纤维可作造纸材料，果实及根、皮可供药用。

| 构树群丛 | *Broussonetia papyrifera* Association

代表群丛位于涠洲岛电信公司对面，北纬 21°01′52.38″，东经 109°06′13.44″，海拔 30m。土壤呈红色，凋落物多而厚，腐殖质层极厚。

群丛外貌呈黄绿色至深绿色，林冠不齐，呈牙齿状起伏。群丛结构较复杂，物种生长密集，生物多样性较高，层次较为明显，总盖度约 95%。乔木层以构树为绝对优势种，偶见银合欢，高 5～7m，层盖度达 100%。灌木层高 0.5～2m，以潺槁树和马缨丹为优势种。其中马缨丹呈丛状分布，其他有美登木（*Maytenus* sp.）、银合欢、朴树和斜叶榕（*Ficus tinctoria* subsp. *gibbosa*）等，层盖度约 20%。林下草本层物种较为丰富，但生长较为稀疏，以水蓑衣（*Hygrophila* sp.）为优势种。另见鬼针草、香蕉（*Musa nana*）、少花龙葵（*Solanum americanum*）、粪箕笃（*Stephania longa*）、葡萄（*Vitis vinifera*）、酢浆草（*Oxalis corniculata*）和磨盘草（*Abutilon indicum*）等，层盖度约 5%。

本群丛受人类活动影响较大。构树首先在群丛内出现并成为优势种，可用作植树造林和植被恢复的先锋物种。在破坏程度较大的林地之中，构树群丛具有较大的发展潜力。

1. 涠洲岛上的构树群丛群落结构

1. 涠洲岛上的构树群丛林冠层
2. 涠洲岛上的构树群丛林下草本层

常绿、落叶阔叶混交林
Evergreen Mixed Deciduous Broad-leaved Forest

常绿、落叶阔叶混交林是落叶阔叶林与常绿阔叶林之间的过渡类型，在我国亚热带地区有较广泛的分布，是亚热带的典型植被类型之一。这一类型的群落，林冠郁茂，参差不齐，多呈波状起伏，因有落叶阔叶树的存在，具有较为明显的季相变化。在落叶树的落叶季节，林冠呈现一种季节性的间断现象。由于种类组成复杂，加之季相变化明显，群落外貌色彩丰富多样。群落结构通常可分乔木、灌木及草本三个层次，有时还有活的苔藓地被层。乔木层又可分二至三个亚层。最高的一层，在北亚热带地区往往均由落叶阔叶树所组成，一般第二亚层内有常绿乔木树种；在中亚热带地区，常常是两类树种均等混合组成。第二和第三亚层以常绿阔叶树为主，常绿阔叶树总是在落叶阔叶树之下（吴征镒，1980）。

中国热带火山岛上分布的常绿、落叶阔叶混交林属于南亚热带混交林，林中有热带性的树种混生，并有逐渐向热带石灰岩季雨林过渡的趋势。我国热带火山岛常绿、落叶阔叶混交林共有 1 群系 2 群丛。

银合欢（*Leucaena leucocephala*）为豆科银合欢属灌木或小乔木。头状花序常腋生，花白色。荚果带状。花期4—7月，果期8—10月。产台湾、福建、广东、广西和云南。生于低海拔的荒地或疏林中。原产热带美洲，现广布于各热带地区。本种耐旱力强，适宜作为荒山造林树种。木质坚硬，为良好的薪炭材。

| 银合欢 + 李花菊群丛 | *Leucaena leucocephala* + *Wollastonia biflora* Association

本群丛位于涠洲岛鳄鱼川景区藏龟洞旁，北纬21°00′49.98″，东经109°05′56.46″。此处为游客步行道旁悬崖处，悬崖为火山喷发后受海水侵蚀而形成，极为陡峭，几达90°，少部分坍塌，形成火山岛独有的火山岩地貌。

群丛外貌为青绿色中缀以大块褐红，其中的褐红为坍塌后裸露的火山岩的颜色。群丛总盖度约80%。乔木层银合欢于春夏季开黄白色花，且银合欢冬季叶落露出灰褐色枝干，而地被层优势种李花菊开黄色花，花期几全年，赋予群丛丰富的季相变化。群丛结构简单，林冠不齐，以银合欢作为优势种的乔木层高出草本层2~3m左右，乔木层盖度约40%。地被层盖度约35%，见仙人掌、刺葵、露兜树和细叶榕（*Ficus microcarpa*）等灌木。草本以李花菊为绝对优势种，呈大面积覆盖于地表。另见阔苞菊、狗尾草（*Setaria viridis*）、酢浆草和禾草等，偶见少花龙葵、许树幼苗和磨盘草等。藤本主要为大片的鸡眼藤，其生长于李花菊等灌草之上。

本群丛位于海边悬崖之上，多长有耐旱带刺植物，如仙人掌、刺葵（*Phoenix loureiroi*）等，表明其生境较为恶劣。其物种多样性较高，说明群丛仍在不断发展中。

1. 涠洲岛上的银合欢 + 李花菊群丛群落生境

1. 涠洲岛上的银合欢＋李花菊群丛群落外貌

2. 涠洲岛上的银合欢＋李花菊群丛群落外貌

3. 涠洲岛上的银合欢＋李花菊群丛中的仙人掌和露兜树

本类型常见于涠洲、斜阳二岛，均分布于海边峭壁之上。代表群丛位于斜阳岛上距码头不远处，北纬 21°01′ 53.01″，东经 109°08′ 56.16″。

群丛季相变化明显，外貌绚丽多彩，春夏秋季为青绿色至深绿色，乔木层银合欢于春夏季开黄白色花，而地被层优势种仙人掌于夏秋季开黄色大花，且银合欢冬季叶落露出灰褐色枝干。群丛背靠以台湾相思为优势种的常绿阔叶群丛，群丛之下为陡峭的悬崖，从上至下火山岩的纹理清晰可见，颜色由白灰逐渐变为黑褐色。群丛结构简单，植株生长密集，层次明显，总盖度达 85%。群丛可分为两层。乔木层以银合欢为绝对优势种，层盖度达 60%。灌木层位于群丛下方，优势种为仙人掌，其他有刺葵、基及树和许树等，层盖度约 30%。除禾草和鬼针草外几无其他草本生长。

本群丛位于海边悬崖之上，干旱且风大，生境恶劣，多长有耐旱带刺植物，如仙人掌、刺葵等，此群丛或为本生境上的顶级群落。

1. 斜阳岛上的银合欢 + 仙人掌群丛群落生境

1. 斜阳岛上的银合欢＋仙人掌群丛群落外貌

常绿阔叶林
Evergreen Broad—leaved Forest

常绿、落叶阔叶混交林
Evergreen Mixed Deciduous Broad-leaved Forest

灌丛
Shrub

灌草丛
Shrubs Gras

灌丛
Shrub

　　我国热带火山岛上的灌丛植被型仅见分布于沿海强风地带的海滨常绿阔叶灌丛。

海滨常绿阔叶灌丛
Coastal Evergreen Broad—leaved Shrub

  我国热带火山岛上的海滨常绿阔叶灌丛共有 2 群系 2 群丛，主要分布于岛屿海边山顶或码头周围。与我国热带大陆性岛屿上的海滨灌丛相比，我国热带火山岛的海滨常绿阔叶灌丛群落类型较为单一，分布面积狭小，群落结构简单，发展潜力不大。

| 仙人掌群系 | *Opuntia dillenii* Formation

  仙人掌（*Opuntia dillenii*）为仙人掌科仙人掌属丛生肉质灌木，高 0.5 ~ 3m。花黄色。浆果倒卵球形，紫红色。花期 6—12 月。原产西印度群岛、百慕大群岛和美洲。我国南方沿海地区常见栽培，在广东、广西南部和海南沿海地区逸为野生。常栽植作为绿篱，茎供药用，浆果酸甜可食。

| 仙人掌群丛 | *Opuntia dillenii* Association

  本类型常见于涠洲、斜阳二岛山顶处，代表群丛位于斜阳岛西边山背，北纬 20°54′ 21.52″，东经 109°12′ 25.15″ 处，海拔 79m。腐殖质层和凋落物层均较薄。

  群丛外貌为青绿至深绿，秋冬季因禾草的地上部分枯萎而呈现一片枯黄中夹杂以大片绿色的斑块，又因仙人掌于夏秋季开黄色大花，赋予群丛丰富的季相。群丛荆棘密布，结构简单，分层不明显，总盖度达 90%。群丛内物种稀少但生长极为密集，使人不能通行。灌木层以仙人掌为优势种，其盖度约占总盖度的 60%，其次为鹊肾树和基及树。灌木种类均矮小且呈丛状生长，多刺，叶小并肉质化明显。禾草和鬼针草为草本层优势种，偶见甜根子草（*Saccharum spontaneum*）等密集生长于灌丛之间，盖度达 60%。

  本群丛位于火山岛海拔较高的石山近山顶的山坡，坡地上难以储存水分，生境干旱，多生长有仙人掌、基及树等耐旱性强的物种。此处常风大，灌木多为小老头树，生长多年，枝条密集且粗壮多刺，难以发展为大片的常绿阔叶林。

1. 斜阳岛悬崖边的仙人掌群丛群落生境
2. 斜阳岛悬崖顶部的仙人掌群丛群落生境
3. 斜阳岛步道边的仙人掌群丛群落生境
4. 斜阳岛山顶的仙人掌群丛群落生境
5. 斜阳岛上的仙人掌群丛群落外貌

1	2
3	4	5

刺果苏木（*Caesalpinia bonduc*）为豆科云实属有刺藤本。花黄色。花期8—10月，果期10月至翌年3月。产广东、广西和台湾。广布于全世界热带地区。

| 刺果苏木 + 露兜树 + 许树群丛 | *Caesalpinia bonduc+ Pandanus tectorius+ Clerodendrum inerme* Association

本群丛为涠洲岛常见的海滨茂密灌丛，在广东硇洲岛也有分布，代表群丛位于涠洲岛码头附近的石油厂旁，北纬21°02′48.49″，东经109°05′00.88″处，海拔15m。群丛被破坏程度较低，土壤呈褐色，凋落物层和腐殖质层较薄。

群丛外貌为黄绿色至深绿色，季相变化明显，夏秋季主要片层开黄色大花。群落结构简单，林冠不齐，层次明显，总盖度达100%。此群丛藤本非常发达，以刺果苏木（*Caesalpinia bonduc*）为绝对优势种，种盖度可达80%，俯视整个群丛，可见其大面积覆盖于灌木之上，其他偶见匙羹藤等。灌木层可分为两层。第一层为几株较高大的银合欢，高约3~4m，层盖度10%左右。第二层高1~2.5m，生长非常密集，物种较稀少，仅见露兜树和许树，层盖度约40%。因较密的林冠覆盖，林下荫庇，草本层稀疏，物种极为稀少，仅有淡竹叶、长芒草（*Stipa bungeana*）和银合欢的小苗等零星分布。林缘草本较为丰富，见小片仙人掌、鬼针草、磨盘草和土牛膝等。

本群丛藤本发达，占据了林冠上层，被其覆盖的灌丛生长不良，或被刺果苏木取代。

1. 涠洲岛上的刺果苏木 + 露兜树 + 许树群丛群落生境

1　1.涠洲岛上的刺果苏木＋露兜树＋许树群丛群落外貌

2　2.涠洲岛上的刺果苏木＋露兜树＋许树群丛中的刺果苏木

灌草丛
Shrubs Grass

    中国热带火山岛上的灌草丛植被型仅见分布于低山丘陵的山地灌草丛。

山地灌草丛
Mountain Shrub Grass

我国热带火山岛上的山地灌草丛仅有1群系1群丛，极为罕见。与我国热带大陆性岛屿上的山地灌草丛相比，群系类型单一，群落结构十分简单，物种稀少。但它同样是我国热带火山岛上不可或缺的一种植被类型，其作为水源涵养地，具有重要的生态和社会价值，同时也反映出我国热带火山岛植被和生境的多样性。

| 香蒲群系 | *Typha orientalis* Formation

我国热带火山岛上的香蒲群系仅包含一个群丛，即香蒲群丛（*Typha orientalis* Association）。该群丛在火山岛上极为少见。它与中国热带大陆岛上的香蒲群系极为相似，群落邻近水源，外貌随季节的更替而变化；群落结构简单，物种稀少，几不分层；群落高度整齐，植株生长密集；香蒲盖度几达100%（参见本书第3章）。

| 香蒲群丛 | *Typha orientalis* Association

本群丛在火山岛极为少见，仅在涠洲岛发现有分布。代表群丛位于北纬21°04′05.06″，东经109°07′27.95″处，海拔16m，地势较为平缓。土壤呈黑褐色，水分含量较高，凋落物较多，腐殖质层较厚。

群丛外貌随季节变化较大，春夏季时青绿色至深绿色，缀以长条形褐红色的香蒲花絮，秋冬季随优势种香蒲的地上部分枯萎变得枯黄和青绿相间。群丛结构简单，物种稀少，层次不明显。以香蒲为绝对优势种，其盖度几达100%。香蒲植株生长密集，高约1.2m，较为整齐。偶见鳢肠（*Eclipta prostrata*）、天胡荽（*Hydrocotyle sibthorpioides*）、酸模叶蓼（*Polygonum lapathifolium*）、水龙（*Ludwigia adscendens*）和禾草等。

本群丛临近水源，位于涠洲岛的内部类似于盆地处，其周围环绕着以台湾相思、木麻黄等高大的常绿乔木林，还分布有大量露兜树，并时常有白鹭等水鸟来此捕食，说明其作为水源涵养地在此地段上作用巨大，宜加强保护。

```
1 | 3
———
2 | 4
```

1. 涠洲岛上的香蒲群丛群落生境

2. 涠洲岛上的香蒲群丛群落生境

3. 涠洲岛上的香蒲群丛群落外貌

4. 中国热带火山岛—涠洲岛上的香蒲群丛中的建群种—香蒲

参 考 文 献

Appanah S., Putz F.E., 1984. Climber abundance in virgin dipterocarp forest and the effect of prefelling climber cutting on logging damage[J]. Malaysian Forester, 47:335–342.

Braun-Blanquet J.,1965. Plant sociology: the study of plant communities[M]. London：Hafner Publishing Company.

Dansereau P.,1957.Biogeography, an Ecological Perspective[M].New York：The Ronald Press Company.

Dieter M., Heinz E.,1974. Aims and methods of vegetation ecology[M]. New York：John Wiley & Sons.

Geertje M.F. Van Der Heijden, Oliver L. Phillips, 2008. What controls liana success in Neotropical forests?[J]. Global Ecology and Biogeography, 17(3):372–383.

Goldsmith F.B. ,1974. An assessment of the Fosberg and Ellenberg methods of classifying vegetation for conservation purposes[J]. Biological Conservation, 6(1):3-6.

Huang T.C., Huang S.F., Hsieh T.H., 1994.The flora of Tungshatao (Pratsa island)[J]. Taiwania, 39(1&2):27-53.

Huang T.C., Huang S.F., Yang K.C., 1994.The flora of Taipingtao(Abaitu island) [J]. Taiwania, 39(1&2):1-26.

Hui-Lin Li, 王兰州 ,1982. 台湾植被与植物区系成分 [J]. 云南林业科技 , (01):76-85.

Jennings M.D., Faber-Langendoen D., Loucks O.L., et al., 2009. Standards for associations and alliances of the U.S.National Vegetation Classification[J].Ecological Monographs, 79(2):173–199.

J.S.Rodwell, 1992. British Plant Communities[M]. Cambridge：Cambridge University Press.

Ladislav Mucina, 1997. Classification of Vegetation: Past, Present and Future[J]. Journal of Vegetation Science, 8(6):751–760.

Lance, G. N., Williams, W. T, 1967. A General Theory of Classificatory Sorting Strategies: 1. Hierarchical Systems[J]. The Computer Journal, 9(4):373–380.

Li Qiansheng, Li Shengchun, Lin Duoqing, et al., 2018.*Quercus pseudosetulosa*, a new species of *Quercus* sect. *Ilex* (Fagaceae) from Dawanshan Island, Guangdong, China[J]. Phytotaxa, 373(4):272–282.

Li Shengchun, Chen Binghui, Huang Xiangxu, et al., 2017. *Stillingia*: A newly recorded genus of Euphorbiaceae from China[J]. Phytotaxa, 296(2):187–194.

Li Shengchun, Qian Xin, Zheng Zexin, et al.,2018. DNA barcoding the flowering plants from the tropical coral islands of Xisha (China)[J]. Ecology and Evolution, 8(21):10587–10593.

Mao Dehua, Liu Mingyue, Wang Zongming, et al.,2019. Rapid invasion of *Spartina Alterniflora* in the coastal zone of mainland China: spatiotemporal patterns and human prevention[J]. Sensors,19(10):2308.

Norman C. Duke, Marilyn C. Ball and Joanna C. Ellison, 1998. Factors Influencing Biodiversity and Distributional Gradients in Mangroves[J]. Global Ecology and Biogeography Letters, 7(1):27–47.

Peng Shao-Lin, Hou Yu-Ping, Chen Bao-Ming, 2010. Establishment of Markov successional model and its application for forest restoration reference in Southern China[J]. Ecological Modelling, 221(9):1317–1324.

Qi Shan-Shan, Dai Zhi-Cong, Zhai De-Li, et al., 2014. Curvilinear Effects of Invasive Plants on Plant Diversity: Plant Community Invaded by Sphagneticola trilobata. PLoS ONE, 9(11).

McIntoshi R.P.,1981.McIntosh. Succession and Ecological Theory[M]., New York：Springer-Verlag.

Rodwell J S, 2000. British Plant Communities[M].Cambridge：Cambridge University Press.

Saara J. Dewalt, Stefan A. Schnitzer, Julie S. Denslow., 2000. Density and diversity of lianas along a chronosequence in a central Panamanian lowland forest[J]. Journal of Tropical Ecology, 16(1):1-19.

Schnitzer Stefan A, 2005. A Mechanistic Explanation for Global Patterns of Liana Abundance and Distribution[J]. The American Naturalist, 166(2):262–276.

Song Yongchang, Xu Guoshi, 2003.A Scheme of Vegetation Classification of Taiwan, China[J]. Acta Botanica Sinica, 45(8):883-895.

Tansley A.G., 1920. The classification of vegetation and the concept of development[J]. Journal of Ecology, 8(2):118–149.

Thomas Ibanez, Patrick Hart, Alison Ainsworth, et al., 2019. Factors associated with alien plant richness, cover and composition differ in tropical island forests[J]. Diversity and Distributions, 25:1910–1923.

Weber H E, Moravec J, Theurillat J P., 2000.International code of phytosociological nomenclature. 3rd edition[J]. Journal of Vegetation Science, 11(5):739–768.

William F. Laurance, Diego Pérez-Salicrup, Patricia Delamônica, et al., 2001. Lovejoy. Rain Forest Fragmentation and the Structure of Amazonian Liana Communities[J]. Ecology, 82(1):105–116.

Wu Libin, Liu Xiaodong, Fang Yunting, et al.,2018. Nitrogen cycling in the soil-plant system along a series of coral islands affected by seabirds in the South China Sea. Science of The Total Environment,627:166–175.

澳门特别行政区,2014.澳門植被誌 第一卷 陆生自然植被 [M].澳门:澳門特别行政區民政總署園林綠化部.

曹洪麟,陈树培,丘向宇,1996.珠海荷包岛植被资源及其开发利用 [J].热带地理, (03):258-264.

曹洪麟,王登峰,1999.珠海市主要植被类型与城市林业建设 [J].广东林业科技, (03):23-29.

常立侠,申键,熊兰兰,2013.无居民海岛森林保护的探讨 [J].海洋开发与管理, 30(12):67-69.

陈道云,钟琼芯,2014.万宁加井岛植被调查与研究 [J].海南师范大学学报 (自然科学版),27(01):52-56.

陈定如,庄雪影,黎振昌,等,1996.香港石鼓洲植被与其生物多样性的探讨 [J].华南师范大学学报 (自然科学版),(02):68-73.

陈桂葵,陈桂珠,1998.中国红树林植物区系分析 [J].生态科学,(02):21-25.

陈林,武艳芳,陈定如,等,2010.香港石鼓洲植物传播与植被次生演替初探 [J].广西植物,30(05):651-656.

陈连宝,陶全珍,詹兴伴,1995.广东海岛气候[M].广州：广东科技出版社.

陈史坚,1982.南海赤道带和热带界线划分的探讨[J].热带地理,(2):20-24.

陈树培,1983.珠江口崖门至镇海湾沿海植被的基本特征[J].生态科学,(02):121.

陈树培,邓义,陈炳辉,等,1994.广东海岛植被和林业[M].广州：广东科技出版社.

陈树培,梁志贤,邓义,1985.深圳市植被的基本特点及其生态评价[J].植物生态学与地植物学丛刊,(02):150-157.

陈思思,2018.中国东部典型海岛植被特征及其与环境关系的研究[D].上海：上海海洋大学.

陈彦卓,1964.从地植物学角度谈中国亚热带和热带的划分问题[J].植物生态学与地植物学丛刊,(01):141-142.

陈永滨,林文俊,陈世品,等,2014.台湾木本植物的大陆性特征[J].福建农林大学学报(自然科学版),43(04):385-390.

陈玉凯,2014."岛屿效应"对植物多样性分布格局的影响[D].海口：海南大学.

陈之端,应俊生,路安,2012.中国西南地区与台湾种子植物间断分布现象[J].植物学报,47(06):551-570.

程浚洋,2017.中国东部海岛植物群落类型与功能多样性[D].上海：华东师范大学.

程维明,刘海江,张旸,等,2004.中国 1:100 万地表覆被制图分类系统研究[J].资源科学,(06):2-8.

崔大方,廖文波,昝启杰,等,2000.广东内伶仃岛国家级自然保护区的植物资源[J].华南农业大学学报,(03):48-52.

邓双文,王发国,刘俊芳,等,2017.西沙群岛植物的订正与增补[J].生物多样性,25(11):1246-1250.

邓义,1996.从森林植被特点看广东海岛自然地带属性[J].热带地理,(02):152-159.

方发之,陈素灵,吴钟亲,等,2019.红石岛植物资源调查与研究[J].热带林业,47(01):69-71.

方精云,2001.也论我国东部植被带的划分[J].植物学报,(05):522-533.

方精云,郭柯,王国宏,等,2020.《中国植被志》的植被分类系统、植被类型划分及编排体系[J].植物生态学报,44(02):96-110.

方精云,宋永昌,刘鸿雁,等,2002.植被气候关系与我国的植被分区(英文)[J].植物学报,(09):1105-1122.

方精云,王国宏,2020.《中国植被志》:为中国植被登记造册[J].植物生态学报,44(02):93-95.

冯志坚,吕汉增,李镇,1995.广东高栏列岛的植物资源[J].华南农业大学学报:37-40.

龚子同,刘良梧,周瑞荣,1996.南海诸岛土壤的形成和年龄[J].第四纪研究,16:88-95.

龚子同,张甘霖,杨飞,2013.南海诸岛的土壤及其生态系统特征[J].生态环境学报,22(02):183-188.

广东省植物研究所西沙群岛植物调查队,1977.我国西沙群岛的植物和植被[M].北京:科学出版社.

郭柯,方精云,王国宏,等,2020.中国植被分类系统修订方案[J].植物生态学报,2020,44(02):111-127.

郭院,吴莉婧,谢新英,2005.中国海岛自然保护区法律制度初探[J].中国海洋大学学报(社会科学版),(03):14-18.

韩渊丰,1979.对云南热带—南亚热带区域的再认识[J].华南师院学报(自然科学版),1979(02):48-58.

何春梅,陈林,邢福武,等,2012.香港长洲岛野生植物物种多样性与植被的研究[J].植物科学学报,30(01):40-48.

何奕雄,刘凯昌,区庄葵,2002.广东担杆岛自然保护区生态旅游资源及其开发对策[J].林业建设,(03):19-23.

何志芳,陈红锋,周劲松,2011.广州南沙区植物多样性及植被类型[J].亚热带植物科学,40(04):26-31.

何仲坚,冯志坚,李镇魁,2004.广东珠海万山群岛的植物资源[J].亚热带植物科学,33(2):5.

胡娜胥,徐瑞琦,黄伟彬,2018.海岛植被生态系统特征概述[J].智库时代,(24):278-279+286.

胡普炜,邢福武,陈林,等,2011.香港西贡牛尾海邻近岛屿植被与植物物种多样性[J].生物多样性,19(05):605-609.

黄庆昌,黄桂玲,杨曼玲,1993.半红树植物的营养器官结构与生态适应[J].广西植物,(01):70-73.

黄圣卓，段瑞军，蔡彩虹，等，2020.中国渚碧岛和永暑岛维管植物调查[J].热带生物学报,11(01):42-50.

黄威廉，2010.台湾亚高山寒温性针叶群系植被地理[J].贵州科学,28(02):1-7.

黄威廉，2003.台湾植被类型分类系统[J].贵州科学,(Z1):40-45+60.

黄威廉，1984.台湾植物区系特征[J].台湾研究集刊,(01):103-113.

基里扬诺夫，黄俊华，1958.关于热带和亚热带药用植物的栽培问题[J].中药通报,(04):109-111.

简曙光，2020.中国热带珊瑚岛植被[J].广西植物,40(03):443.

江爱良，朱太平，1986.中国热带、亚热带山区植物资源特点和开发利用中应注意的问题[J].自然资源,1986(01):1-10.

江志坚，黄小平，2010.我国热带海岛开发利用存在的生态环境问题及其对策研究[J].海洋环境科学,29(03):432-435.

蓝崇钰，廖文波，2000.珠江口沿岸及岛屿的资源环境及可持续发展研究[C].珠海-澳门生态城市建设学术讨论会论文选集,2000:26-32.

蓝崇钰，廖文波，王勇军，2002.广东内伶仃岛的生物资源及自然保护规划[J].植物资源与环境学报,(01):47-52.

郎学东，刘万德，刘娇，等，2021.中国植被分类系统改进及命名探讨[J].植物研究,41(05):641-659.

雷振胜，李玫，廖宝文，2008.珠海淇澳红树林湿地生物多样性现状及保护[J].广东林业科技,24(05):56-60.

黎明，陈日强，李永泉，等，2021.珠海淇澳岛海岸带红鳞蒲桃群落结构及物种多样性研究[J].林业与环境科学,37(02):47-54.

黎夏，刘凯，王树功，2006.珠江口红树林湿地演变的遥感分析[J].地理学报,(01):26-34.

李丽香，姜勇，漆光超，等，2018.广西海岸潮上带草本植物种类与群落特征研究[J].广西科学院学报,34(02):103-113+120.

李萍，黄忠良，2007.南澳岛退化草坡的植被恢复研究[J].热带地理,(01):21-24+65.

李盛春，2019.西沙群岛与万山群岛植物物种多样性分布格局及群落系统发育结构[D].中国科学院大学.

李薇，朱丽萍，汪春燕，等，2018.深圳市内伶仃岛山蒲桃+红鳞蒲桃-小果柿群落结构及其物种多样性特征 [J]. 生态科学 ,37(02):173-181.

李勇 , 余世孝 , 练琚蕍 , 等 ,2000. 广东黑石顶自然保护区植被分类系统与数字植被图 - Ⅱ. 群丛的分布 [J]. 热带亚热带植物学报 , (02):147-156.

海南省海洋厅调查领导小组 ,1999. 海南省海岛资源综合调查研究专业报告集 [M]. 北京 : 海洋出版社 .

廖宝文 , 管伟 , 章家恩 , 等 ,2008. 珠海市淇澳岛红树林群落发展动态研究 [J]. 华南农业大学学报 ,(04):59-64.

廖文波 , 昝启杰 , 崔大方 , 等 ,1999. 内伶仃岛主要植被及群落类型的特征和分布 [J]. 生态科学 , (04):6-19.

廖文波 , 张宏达 ,1994. 广东种子植物区系与邻近地区的关系 [J]. 广西植物 , (03):217-226.

廖宇红 , 陈红跃 , 王正 , 等 ,2008. 珠三角风水林植物群落研究及其在生态公益林建设中的应用价值 [J]. 亚热带资源与环境学报 , (02):42-48.

林鹏 , 丘喜昭 , 张娆挺 ,1984. 福建沿海中部平潭、南日和湄州三岛的植被 [J]. 植物生态学与地植物学丛刊 , (01):74-80.

林瑞芬 , 武艳芳 , 邢福武 , 等 ,2009. 香港东平洲岛的植物区系研究 [J]. 武汉植物学研究 ,27(03):297-305.

林文俊 , 陈永滨 , 李明河 , 等 ,2014. 闽台海岸种子植物区系比较研究 [J]. 湖北民族学院学报 (自然科学版)32(01):34-38.

林文俊 ,2013. 闽台种子植物区系比较研究 [D]. 福建农林大学 .

林英 ,1964. 中国亚热带和热带划分的依据及其具体的界线问题 [J]. 植物生态学与地植物学丛刊 , (01):142-143.

刘滨尔 ,2013. 淇澳岛无瓣海桑人工林的自然更新特征及林分改造效果 [D]. 中国林业科学研究院 .

刘闯 , 石瑞香 ,2018. 中国四大生态地理区的划分及其界线数据研究 [J]. 全球变化数据学报 (中英文)2(01):42-50+173-181.

刘彩红 , 胡喻华 , 张春霞 , 等 ,2020. 广东沿海红树林生态修复模式研究 [J]. 林业与环境科学 ,36(04):102-106.

刘惠 , 张慧霞 ,2010. 惠州大亚湾芒州岛植被调查研究 [J]. 安徽农业科学 38(01):274-276.

刘珉璐 , 陈鹏 ,2022. 系统发育多样性和系统发育结构在岛屿植物群落保护中的意义：以福建沿海 19 个岛屿为例 [J/OL]. 应用海洋学学报 :1-12[2022-01-17].

刘珉璐,潘翔,陈庆辉,等,2017. 系统发育多样性与系统发育结构在岛屿植物群落保护中的意义——以蜈支洲岛为例 [J]. 热带亚热带植物学报,25(05):419-428.

刘慎谔,冯宗炜,赵大昌,1959. 关于中国植被区划的若干原则问题 [J]. 植物学报,(02):87-105.

刘慎谔,冯宗炜,赵大昌,1959. 再论"关于中国植被区划的若干原则问题"[J]. 植物学报,(04):284-286.

刘文杰,2012. 涠洲岛旅游气候资源分析 [J]. 气象研究与应用,33(S2):91-92+94.

刘晓东,孙立广,汪建君,等,2007. 过去 1300 年南海东岛生态环境对气候变化的响应 [J]. 中国科学技术大学学报,(08):1009-1016.

龙秋萍,2017. 广西北部湾涠洲岛风景资源调查与评价 [D]. 南宁 : 广西大学 .

娄安如,1996. 植被—气候关系研究概述 [J]. 生物学通报,(05):10-12.

卢演俦,杨学昌,贾蓉芬,1979. 我国西沙群岛第四纪生物沉淀物及成岛时期的探讨 [J]. 地球化学,2:93-102.

马克平,郭庆华,2021. 中国植被生态学研究的进展和趋势 [J]. 中国科学 : 生命科学,51(03):215-218.

孟玉芳,王发国,邢福武,等,2011. 香港瓮缸群岛野生植物资源调查研究 [J]. 植物研究,31(05):610-617.

孟玉芳,王发国,邢福武,等,2011. 香港瓮缸群岛植物物种多样性与植被的研究 [J]. 植物科学学报,29(05):561-569.

缪宁,2018. 四川白水河国家级自然保护区植物和植被多样性 [M]. 成都 : 四川科学技术出版社 .

莫权辉,陈平,蓝福生,等,1993. 广西涠洲岛和斜阳岛沉凝灰岩母质发育土壤的系统分类初深 [J]. 广西科学院学报,(01):13-18.

莫竹承,徐剑强,陈树宇,2013. 红鳞蒲桃季雨林重要树种的物候特征 [J]. 广西科学,20(03):193-198.

宁世江,赵天林,1993. 广西海岛资源综合调查——植被、林业资源调查成果通过一级审查验收 [J]. 广西植物,(01):93.

彭定人,韦斌,2019. 青山雾后云犹在 画出东南四五峰—广西海岛与海岸带天然植被概览 [J]. 广西林业,(08):38-43.

彭华,杨湘云,蔡燕红,等,2019. 浙江海岛广布优势植被类型的植物区系学研究

[J]. 西部林业科学, 48(02):19-23.

彭华, 杨湘云, 李晓明, 等, 2019. 浙江海岛常绿阔叶林特征及其主要植物区系分析 [J]. 植物科学学报, 37(05):576-582.

彭少麟, 1988. 广东亚热带部分森林群落排序分析 [J]. 武汉植物学研究, (01):37-44.

彭少麟, 侯玉平, 俞龙生, 等, 2006. 澳门植被恢复过程土坑法的效应机制探讨 [J]. 生态环境, (01):1-5.

彭少麟, 陆宏芳, 梁冠峰, 2004. 澳门离岛植被生态恢复与重建及其效益 [J]. 生态环境, (03):301-305.

彭逸生, 庄雪影, 何奕雄, 等, 2008. 担杆岛自然保护区种子植物区系及猕猴食物资源研究 [J]. 华南农业大学学报, (01):73-78.

漆光超, 姜勇, 李丽香, 等, 2018. 广西海岸潮间带草本植物群落的研究 [J]. 广西科学院学报, 34(02):114-120.

钱崇澍, 吴徵镒, 陈昌笃, 1956. 中国植被的类型 [J]. 地理学报, (01):37-92.

乔雪婷, 张娟娟, 李文斌, 等, 2022. 基于无人机遥感技术的广东内伶仃岛植被类型划分与植被图 [J/OL]. 中山大学学报 (自然科学版):1-10[2022-01-17].

邱广龙, 潘良浩, 王欣, 等, 2021. 广西涠洲岛滨海湿地潮下带海草、红树林与互花米草的分布和群落结构特征 [J]. 应用海洋学学报, 40(01):56-64.

邱霓, 徐颂军, 邱彭华, 等, 2019. 珠海淇澳岛红树林群落分布与景观格局 [J]. 林业科学, 55(01):1-10.

任海, 简曙光, 张倩媚, 等, 2017. 中国南海诸岛的植物和植被现状 [J]. 生态环境学报, 26(10):1639-1648.

任海, 2020. 热带海岛及海岸带植被景观 [M]. 北京：中国林业出版社.

石莉, 2022. 中国红树林的分布状况、生长环境及其环境适应性 [J]. 海洋信息, (04):14-18.

沈鹏飞, 1993. 调查西沙群岛报告书 [M]. 广州：中山大学农学院出版部.

史莎娜, 2011. 广西海岛面临的问题与修复对策研究 [D]. 南宁：广西师范学院.

四川植被协作组, 1980. 四川植被 [M]. 成都：四川人民出版社.

宋永昌, 阎恩荣, 宋坤, 2017. 再议中国的植被分类系统 [J]. 植物生态学报, 41(02):269-278.

宋永昌, 2011. 对中国植被分类系统的认知和建议 [J]. 植物生态学报, 35(08):882-

892.

宋永昌 ,2016. 植被生态学 第二版 [M]. 北京：高等教育出版社 .

宋永昌 ,2004. 中国常绿阔叶林分类试行方案 [J]. 植物生态学报 ,(04):435-448.

宋永昌 , 陈小勇 , 王希华 ,2005. 中国常绿阔叶林研究的回顾与展望 [J]. 华东师范大学学报 (自然科学版),(01):1-8.

苏凤秀 , 朱鹏飞 , 黄婷 ,2017. 广西北海涠洲岛植物资源调查研究 [J]. 广东园林 ,39(06):78-81.

苏锦顺 , 张小平 , 周少华 ,2006. 红树林湿地生态多样性保护对策 [J]. 环境保护 ,(05):70-74.

苏宗明 , 李先琨 , 等 ,2014. 广西植被 第一卷 [M]. 北京：中国林业出版社 .

苏宗明 ,1998. 广西天然植被类型分类系统 [J]. 广西植物 , (03):46-55.

孙立广 , 刘晓东 ,2014. 南海岛屿生态地质学 [M]. 上海：上海科学技术出版社 .

孙晓慧 , 史建康 , 李新武 , 等 ,2021. 西沙群岛精细植被分布的遥感制图及动态变化 [J]. 遥感学报 ,25(07):1473-1488.

孙元敏 ,2010. 南亚热带海岛生境质量评价及其退化机制研究 [D]. 厦门：国家海洋局第三海洋研究所 .

孙元敏 , 陈彬 , 黄海萍 , 等 ,2011. 中国南亚热带海岛海域沉积物重金属污染及潜在生态危害 [J]. 中国环境科学 (1):123-130.

孙元敏 , 陈彬 , 马志远 , 等 ,2010. 南亚热带海岛周边海域富营养化评价及原因分析 [J]. 海洋通报 ,29(05):572-576.

覃朝锋 , 李贞 , 董汉飞 ,1990. 珠江口内伶仃岛植被 [J]. 生态科学 ,(02):23-34.

唐春艳 , 宋贤利 , 洪宝莹 , 等 ,2015. 澳门九澳山海滨群落特征分析与生态恢复建议 [J]. 植物科学学报 ,33(01):44-52.

唐杉 ,2009. 我国南海热带珊瑚礁岛屿生物多样性研究 [D]. 中国科学技术大学 .

唐永銮 ,1983. 海南岛海岸带和生态平衡 [J]. 生态科学 ,(02):60-64.

田广红 , 丁明艳 , 杨雄邦 , 等 ,2013. 珠海市淇澳岛肉实树群落及其物种多样性特征 [J]. 植物科学学报 ,31(05):461-466.

田广红 , 黄康有 , 李贞 , 等 ,2015. 珠海市植被分类系统和主要植物群落特征 [J]. 广东林业科技 ,31(02):15-21.

田广红,李玫,杨雄邦,等,2010.珠海淇澳岛几种红树植物引种的初步研究 [J].生态科学,29(04):362-366.

童毅,简曙光,陈权,等,2013.中国西沙群岛植物多样性 [J].生物多样性,21(03):364-374.

涂善忠,谭广文,曾非凡,等,2012.珠海市横琴岛长隆海洋度假区树种规划 [J].广东园林,34(04):49-53.

王伯荪,张宏达,毕培曦,等,1985.香港九龙地区自然植被简介 [J].植物杂志,(06):13.

王发国,邢福武,叶华谷,等,2005.澳门路环岛灌丛群落的特征 [J].植物研究,(02):236-241.

王国宏,方精云,郭柯,等,2020.《中国植被志》研编内容与规范 [J].植物生态学报,44(02):128-178.

王洪峰,何波祥,曾令海,等,2008.中国热带次生林分布、类型与面积研究 [J].广东林业科技,2008(02):65-73.

王乐,董雷,胡天宇,等,2021.中国植被图编研历史与展望 [J].中国科学：生命科学,51(03):219-228.

王美林,1984.植被研究发展小史 [J].植物杂志,(01):21-22.

王清隆,汤欢,王祝年,2019.西沙群岛植物资源多样性调查与评价 [J].热带农业科学,39(08):40-52.

王仁卿,刘建,徐飞,等,2013.中国植被研究的回顾与展望 [C].生态文明建设中的植物学：现在与未来—中国植物学会第十五届会员代表大会暨八十周年学术年会论文集—第 2 分会场：植物生态与环境保护:137.

王仁卿,周光裕,2000.山东植被,[M].济南：山东科学技术出版社.

王森浩,朱怡静,王玉芳,等,2019.西沙群岛主要岛屿不同植被类型对土壤理化性质的影响 [J].热带亚热带植物学报,27(04):383-390.

王树功,黎夏,周永章,等,2005.珠江口淇澳岛红树林湿地变化及调控对策研究 [J].湿地科学,(01):13-20.

王树功,杨海生,周永章,等,2005.湿地植物生长模型在红树林湿地人工恢复调控中的应用——以珠江口淇澳岛红树林湿地恢复为例 [J].西北植物学报,(10):2024-2029.

王炜,裴浩,王鑫厅,2016.优势种植被分类系统的逻辑分析与示例方案化 [J].生物多样性 24(02):136-147.

王献溥,郭柯,温远光,2014.广西植被志要 上、下 [M].北京:高等教育出版社.

王晓明,仲铭锦,廖文波,等,2003.珠江口沿岸地区资源环境及其可持续发展措施 [J].中山大学学报 (自然科学版)(06):73-77.

王秀丽,蔡均,周亮,等,2018.珠海淇澳岛拉关木群落结构及其种苗扩散研究 [J].林业与环境科学 ,34(06):66-71.

王宇喆,邱隆伟,许红,等,2021.七连屿海滩沙 - 沿岸沙丘 - 现代植物 - 砂岛成因模式 [J].海洋地质前沿 ,37(06):92-100.

王震,陈卫军,管伟,等,2017.珠海市淇澳岛主要红树林群落特征研究 [J].中南林业科技大学学报 37(04):86-91.

魏识广,叶万辉,练琚愉,等,2021.南亚热带常绿阔叶林群落及其卫星样地物种多样性特征 [J/OL].生态学报 ,(11):1-9[2022-02-10].

温远光,李治基,李信贤,等,2014.广西植被类型及其分类系统 [J].广西科学 ,21(05):484-513.

吴德邻,邢福武,叶华谷,等,1996.南海岛屿种子植物区系地理的研究 (续) [J].热带亚热带植物学报 ,(02):1-11.

吴德邻,邢福武,叶华谷,等,1996.南海岛屿种子植物区系地理的研究 [J].热带亚热带植物学报 ,(01):1-22.

吴礼彬,2018.南海西沙群岛生态环境演化过程的碳氮同位素地球化学研究 [D].中国科学技术大学 .

吴征镒,1980.中国植被 [M].北京:科学出版社 .

吴征镒,1965.中国植物区系的热带亲缘 [J].科学通报 (01):25-33.

武艳芳,林瑞芬,陈林,等,2009.香港果洲群岛植物物种多样性与植被的研究 [J].热带亚热带植物学报 ,17(04):334-342.

谢聪,曾庆文,邢福武,2012.香港吐露港附近岛屿植被与植物多样性研究 [J].广西植物 ,32(04):468-474.

邢福武,2016.海南省七洲列岛的植物与植被 [M].武汉:华中科技大学出版社 .

邢福武,陈红峰,秦新生,等,2014.中国热带雨林地区植物图鉴—海南植物（1）[M].武汉:华中科技大学出版社 .

邢福武,陈红峰,秦新生,等,2014.中国热带雨林地区植物图鉴—海南植物（2）[M].武汉:华中科技大学出版社 .

邢福武,陈红峰,秦新生,等,2014.中国热带雨林地区植物图鉴—海南植物（3）

[M]. 武汉：华中科技大学出版社 .

邢福武，邓双文，2019. 中国南海诸岛植物志 [M]. 北京：中国林业出版社 .

邢福武，RichardT.Corlett，周锦超，1999. 香港的植物区系 [J]. 热带亚热带植物学报，(04):295-307.

邢福武，秦新生，严岳鸿，2003. 澳门的植物区系 [J]. 植物研究，(04):472-477.

邢福武，吴德邻，李泽贤，等，1994. 我国南沙群岛的植物与植被概况 [J]. 广西植物，(02):151-156.

徐华林，袁天天，王蕾，等，2016. 广东内伶仃岛台湾相思群落在 15 年间的演替研究 [J]. 生态科学，35(04):12-22.

许会敏，叶蝉，张冰，等，2010. 湛江特呈岛红树林植物群落的结构和动态特征 [J]. 生态环境学报，19(04):864-869.

徐祥浩，1964. 从地植物学的角度谈华南的热带与亚热带的分界线问题 [J]. 植物生态学与地植物学丛刊，(01):137-139.

徐祥浩，1981. 广东植物生态及地理 [M]. 广州：广东科技出版社，1981.

许涵，李艳朋，李意德，等，2021. 中国热带森林植被类型研究历史和划分探讨 [J]. 广西植物，2021,41(10):1595-1604.

许增旺，2001. 香港大屿山岛自然滑坡的空间分布与影响因子浅析 [J]. 自然灾害学报，(04):76-83.

严岳鸿，何祖霞，佘书生，等，2005. 香港东北角吉澳群岛入侵植物调查 [J]. 植物研究，(02):242-248.

杨东梅，邢福武，陈林，等，2010. 香港索罟群岛植被与植物物种多样性研究 [J]. 亚热带植物科学，39(02):45-49.

杨文鹤，2000. 中国海岛 [M]. 北京：海洋出版社 .

姚小兰，凌少军，任明迅，2019. 海南岛和台湾岛植物多样性"反差现象"的形成机制研究 [J]. 环境生态学，1(05):38-42.

叶建飞，陈之端，刘冰，等，2012. 中国西南与台湾地区维管植物的间断分布格局及形成机制 [J]. 生物多样性，20(04):482-494.

叶华谷，徐正春，吴敏，等，2013. 广州风水林 [M]. 武汉：华中科技大学出版社 .

应俊生，徐国士，2002. 中国台湾种子植物区系的性质、特点及其与大陆植物区系的关系 [J]. 植物分类学报，(01):1-51.

于革, 薛滨, 刘平妹, 等, 2002. 台湾中部和北部山地植被垂直带表土花粉和植被重建 [J]. 科学通报, (21):1663-1666.

于冬雪, 韩广轩, 王晓杰, 等, 2022. 互花米草入侵对黄河口潮沟形态特征和植物群落分布的影响 [J]. 生态学杂志, 41(01):42-49.

于胜祥, 陈瑞辉, 2020. 中国口岸外来入侵植物彩色图鉴 [M]. 郑州：河南科学技术出版社.

余世孝, 李勇, 王永繁, 等, 2000. 黑石顶自然保护区植被分类系统与数字植被图 I. 植被型与群系的分布 [J]. 中山大学学报 (自然科学版), (02):61-66.

余世孝, 练琚蒳, 2003. 广东省自然植被分类纲要 I 针叶林与阔叶林 [J]. 中山大学学报 (自然科学版) 42(01):70-74.

余世孝, 练琚蒳, 2003. 广东省自然植被分类纲要 II 竹林、灌丛与草丛 [J]. 中山大学学报 (自然科学版) 42(02):82-85.

负建全, 邓双文, 陈红锋, 2017. 广东荷包岛维管束植物区系特征分析 [J]. 植物科学学报 35(01):30-38.

袁天天, 赵万义, 徐华林, 等, 2015. 广东内伶仃岛马尾松群落和布渣叶群落的演替动态 [J]. 广东林业科技 31(01):49-55.

苑泽宁, 石福臣, 李君剑, 等, 2008. 天津滨海滩涂互花米草有性繁殖特性 [J]. 生态学杂志, (09):1537-1542.

昝启杰, 廖文波, 陈继敏, 等, 2001. 广东内伶仃岛植物区系的研究 [J]. 西北植物学报 (03):507-519.

昝启杰, 王伯荪, 王勇军, 等, 2003. 深圳湾红树林引种海桑、无瓣海桑的生态评价 (英文) [J]. 植物分类学报, (05):544-551.

昝启杰, 廖文波, 蓝崇钰, 等, 2000. 广东内伶仃岛植被分类系统和典型群落的样地标志 [J]. 生态科学 (01):10-18.

曾昭璇, 1959. "关于中国植被区划的若干原则问题" 读后 [J]. 植物学报, (04):279-283.

曾昭璇, 1980. 我国热带界线问题的商榷 [J]. 地理学报, 35(1):87-92.

曾昭璇, 1966. 从栽培植物分布区域试谈我国热带界线 [J]. 植物生态学与地植物学丛刊, 4(01):151-154.

曾绮微, 李海生, 陈桂珠, 等, 2007. 香港灌丛植被的数量分类与环境关系分析 [J]. 环境科学研究, (05):45-49.

曾文彬,1994.更新世台湾海峡两岸植物区系迁移的通道 [J]. 云南植物研究 ,(02):107-110.

曾文彬,1993.浅析台湾植物区系 [J]. 厦门大学学报 (自然科学版),(04):480-483.

张宏达,1964.关于热带与亚热带的分界问题 [J]. 植物生态学与地植物学丛刊 ,(01):139-140.

张宏达,1974.西沙群岛的植被 [J]. 植物学杂志 ,(03):183-192.

张宏达,王伯荪,胡玉佳,等,1989.香港植被 [J]. 中山大学学报论丛 ,(02):6-112.

张坚强,张琳婷,赵东铭,等,2019.珠海淇澳岛次生植被特征及物种多样性 [J]. 西北植物学报 ,39(01):173-184.

张健,宋坤,宋永昌,2020.法瑞学派的发展历史及其对当代植被生态学的影响 [J]. 植物生态学报 ,44(07):699-714.

张浪,刘振文,姜殿强,2011.西沙群岛植被生态调查 [J]. 中国农学通报 ,27(14):181-186.

张留恩,廖宝文,管伟,2011.淇澳岛寒害致死海桑林迹地恢复早期植被特征的初步研究 [J]. 林业科学研究 ,24(01):33-38.

张留恩,廖宝文,2011.珠海市淇澳岛红树林湿地的研究进展与展望 [J]. 生态科学 ,30(01):81-87.

张留恩,2011.珠海淇澳岛寒害致死海桑林迹地恢复初期植被特征及其影响因子的研究 [D]. 中国林业科学研究院 .

张娆挺,胡慧娟,1998.台湾海峡两岸高等植物区系研究 [J]. 台湾海峡 ,(04):417-425.

张娆挺,1984.台湾海峡红树植物的种类组成和地理分布 [J]. 台湾海峡 ,(01):112-120.

张万里,Mark Shea,何立群,等,2005.香港大屿山林木群落结构的比较研究 [J]. 植物研究 ,(02):226-229.

赵锋,1958.中国科学院综合考察委员会 1958 年的工作 [J]. 科学通报 ,(04):124-125.

赵焕庭,1996.西沙群岛考察史 [J]. 地理研究 ,15(4):55-65.

赵焕庭,王丽荣,袁家义,2017.南海诸岛的自然环境、资源与开发——纪念中国政府收复南海诸岛 70 周年 (3)[J]. 热带地理 ,37(05):659-680.

赵三平,2006.南海西沙群岛海鸟生态环境演变 [D]. 中国科学技术大学 .

郑俊鸣，张嘉灵，郑建忠，等，2017.中国海岛植被修复的适生植物 [J]. 世界林业研究 30(03):86-90.

郑松发，郑德璋，戴光瑞，等，1999.珠海市淇澳岛红树林湿地合理保护与开发利用 [J]. 广东林业科技，(04):36-41.

中国海岛志编纂委员会，2014.中国海岛志 福建卷 第 1 册 福建南部沿岸 [M]. 北京：海洋出版社.

中国海岛志编纂委员会，2013.中国海岛志 广东卷 第 1 册 广东东部沿岸 [M]. 北京：海洋出版社.

中国海岛志编纂委员会，2014.中国海岛志 广西卷 [M]. 北京：海洋出版社.

中国科学院南沙综合科学考察队，1996.南沙群岛及其邻近岛屿植物志 [M].北京：海洋出版社.

中华人民共和国自然资源部，2018.2017 年海岛统计调查公报 [EB/OL].https://www.cgs.gov.cn/tzgg/tzgg/201807/t20180730_464237.html. 钟义，1990.海南省西沙群岛植物资源考察 [J]. 海南师范学院学报 3(1):48-65.

周凡，邝栋明，简永强，等，2003.珠海市淇澳岛红树林群落组成初步研究 [J]. 生态科学，(03):237-241.

周厚诚，黄卫凯，彭少麟，等，1997.广东南澳岛退化草坡的群落结构 [J]. 生态科学，(02):102-105.

周厚诚，彭少麟，任海，等，1998.广东南澳岛马尾松林的群落结构 [J]. 热带亚热带植物学报，(03):203-208.

周厚诚，任海，彭少麟，2001.广东南澳岛植被恢复过程中的群落动态研究 [J]. 植物生态学报 (03):298-305.

周厚诚，任海，向言词，等，2001.南澳岛植被恢复过程中不同阶段土壤的变化 [J]. 热带地理 (02):104-107+112.

周劲松，王发国，邢福武，等，2005.香港蒲苔群岛植物物种多样性与植被的研究 [J]. 中山大学学报 (自然科学版),(S1):236-241.

周菁婧，周劲松，王爱华，等，2017.香港离岛植物传播与植被演替 [J]. 热带亚热带植物学报，25(05):438-444.

周婉诗，张楚婷，周志平，等，2021.植被分布的海拔与纬度相互关系模式的校正 [J]. 中国科学：生命科学，51(03):334-345.

周远瑞，1963.广东省的植被分类系统 [J]. 植物生态学与地植物学丛刊，1(Z1):144-145.

朱国金 ,1987. 珠海海岛类型及其资源开发问题的探讨 [J]. 自然资源 ,(04):37-44.

朱华 ,2018. 中国热带生物地理北界的建议 [J]. 植物科学学报 ,36(6):893-898.

朱世清 , 梁永奕 , 黄应丰 , 等 ,1995. 广东海岛土壤 [M]. 广州 : 广东科技出版社 .

附录一

拉丁名—中文名对照表

A			
Abutilon indicum	磨盘草	*Archidendron clypearia*	猴耳环
Acacia auriculiformis	大叶相思	*A. lucidum*	亮叶猴耳环
A. concinna	藤金合欢	*Apluda mutica*	水蔗草
A. confusa	台湾相思	*Aporosa dioica*	银柴
Acanthus ilicifolius	老鼠簕	*Ardisia crenata*	朱砂根
Achyranthes aspera	土牛膝	*A. lindleyana*	山血丹
Acronychia pedunculata	山油柑	*A. obtusa*	钝叶紫金牛
Acrostichum aureum	卤蕨	*A. quinquegona*	罗伞树
Actinidia latifolia	阔叶猕猴桃	*Artocarpus heterophyllus*	波罗蜜
Adiantum caudatum	鞭叶铁线蕨	*A. hypargyreus*	白桂木
A. flabellulatum	扇叶铁线蕨	*Asparagus cochinchinensis*	天门冬
Adina pilulifera	水团花	*Aspidistra elatior*	蜘蛛抱蛋
Adinandra millettii	杨桐	*Aster baccharoides*	白舌紫菀
Aegiceras corniculatum	蜡烛果	*Atalantia buxifolia*	酒饼簕
Agave americana var. *marginata*	金边龙舌兰	*Atriplex repens*	匍匐滨藜
Alangium chinense	八角枫	*Avicennia marina*	海榄雌
Albizia corniculata	天香藤	B	
A. kalkora	山槐	*Baeckea frutescens*	岗松
Alocasia odora	海芋	*Barleria cristata*	假杜鹃
Alpinia hainanensis	草豆蔻	*Bauhinia championii*	龙须藤
A. sichuanensis	四川山姜	*B. erythropoda*	锈荚藤
Alternanthera sessilis	莲子草	*B. glauca*	粉叶羊蹄甲
Alysicarpus vaginalis	链荚豆	*Berchemia sinica*	勾儿茶
Alyxia sinensis	链珠藤	*Bidens pilosa*	鬼针草
Anodendron affine	鳝藤	*Bischofia javanica*	秋枫
Antidesma bunius	五月茶	*Blachia siamensis*	海南留萼木
Antirhea chinensis	毛茶	*Blechnum orientale*	乌毛蕨
Aralia elata	楤木	*Blumea clarkei*	七里明
		Boehmeria nivea	苎麻

Boerhavia diffusa	黄细心	*C. timorensis*	假玉桂
Bowringia callicarpa	藤槐	*Cenchrus echinatus*	蒺藜草
Breynia fruticosa	黑面神	*Centella asiatica*	积雪草
Bridelia balansae	禾串树	*Centotheca lappacea*	假淡竹叶
B. tomentosa	土蜜树	*Chirita sinensis*	唇柱苣苔
Broussonetia papyrifera	构树	*Chromolaena odorata*	飞机草
Brucea javanica	鸦胆子	*Cinnamomum burmannii*	阴香
Bruguiera gymnorhiza	木榄	*C. camphora*	樟
Buxus bodinieri	雀舌黄杨	*Cladrastis platycarpa*	翅荚香槐
B. sinica	黄杨	*Clematis crassifolia*	厚叶铁线莲
C		*C. meyeniana*	毛柱铁线莲
Caesalpinia bonduc	刺果苏木	*Clerodendrum cyrtophyllum*	大青
C. crista	华南云实	*C. fortunatum*	白花灯笼
Calamus rhabdocladus	杖藤	*C. inerme*	许树
C. salicifolius	省藤	*Coccinia grandis*	红瓜
Callerya nitida	亮叶鸡血藤	*Cocculus orbiculatus*	木防己
C. reticulata	网络崖豆藤	*Cocos nucifera*	椰子
C. speciosa	美丽鸡血藤	*Colocasia antiquorum*	野芋
Callicarpa brevipes	短柄紫珠	*Colubrina asiatica*	蛇藤
Calophyllum inophyllum	红厚壳	*Commelina communis*	鸭跖草
Canarium album	橄榄	*C. diffusa*	竹节菜
Canavalia rosea	海刀豆	*Corchorus aestuans*	甜麻
Capparis sepiaria	青皮刺	*Cordia subcordata*	橙花破布木
Carallia brachiata	竹节树	*Cratoxylum cochinchinense*	黄牛木
Carmona microphylla	基及树	*Crinum asiaticum* var. *sinicum*	文殊兰
Caryota maxima	鱼尾葵	*Croton cascarilloides*	银叶巴豆
Caryota mitis	短穗鱼尾葵	*Cuscuta chinensis*	菟丝子
Cassytha filiformis	无根藤	*Cycas hainanensis*	海南苏铁
Castanopsis fissa	黧蒴锥	*C. revoluta*	苏铁
Casuarina equisetifolia	木麻黄	*Cyclea racemosa*	轮环藤
Catunaregam spinosa	山石榴	*Cyclobalanopsis championii*	岭南青冈
Cayratia japonica	乌蔹莓	*C. hui*	雷公青冈
Celastrus aculeatus	过山枫	*C. neglecta*	竹叶青冈
C. hindsii	青江藤	*C. pachyloma*	毛果青冈
Celtis sinensis	朴树	*Cyclosorus parasiticus*	华南毛蕨

Latin	中文	Latin	中文
Cymbidium ensifolium	建兰	*Eclipta prostrata*	鳢肠
Cymbopogon mekongensis	青香茅	*Ehretia asperula*	宿苞厚壳树
C. tortilis	扭鞘香茅	*E. longiflora*	长花厚壳树
Cynodon dactylon	狗牙根	*Elaeocarpus chinensis*	中华杜英
Cyperus exaltatus	高秆莎草	*E. sylvestris*	山杜英
C. javanicus	羽状穗砖子苗	*Elephantopus tomentosus*	白花地胆草
C. malaccensis subsp. *monophyllus*	短叶茳芏	*Eleusine indica*	牛筋草
Cyrtococcum patens	弓果黍	*Eleutherococcus trifoliatus*	白簕
D		*Embelia laeta*	酸藤子
Dactyloctenium aegyptium	龙爪茅	*E. ribes*	白花酸藤果
Dalbergia benthamii	两粤黄檀	*Endospermum chinense*	黄桐
D. hupeana	黄檀	*Enkianthus quinqueflorus*	吊钟花
Daphniphyllum calycinum	牛耳枫	*Eragrostis pilosa*	画眉草
D. oldhamii	虎皮楠	*E. tenella*	鲫鱼草
Dendrotrophe varians	寄生藤	*Erigeron canadensis*	小蓬草
Derris trifoliata	鱼藤	*Eucalyptus urophylla*	尾叶桉
Desmodium triflorum	三点金	*Euonymus nitidus*	中华卫矛
Desmos chinensis	假鹰爪	*Euphorbia atoto*	海滨大戟
Dianella ensifolia	山菅	*E. hirta*	飞扬草
Dicranopteris pedata	芒萁	*Eurya chinensis*	米碎花
Dimocarpus longan	龙眼	*E. nitida*	细齿叶柃
Dioscorea bulbifera	黄独	*Excoecaria agallocha*	海漆
Diospyros buxifolia	黄杨叶柿	**F**	
D. morrisiana	罗浮柿	*Fagraea ceilanica*	灰莉
D. vaccinioides	小果柿	*Falcataria moluccana*	南洋楹
Diploclisia glaucescens	苍白秤钩风	*Ficus auriculata*	大果榕
Diploprora championii	蛇舌兰	*F. concinna*	雅榕
Diplospora dubia	狗骨柴	*F. formosana*	台湾榕
Dodonaea viscosa	车桑子	*F. hirta*	粗叶榕
Dracaena cambodiana	海南龙血树	*F. hispida*	对叶榕
Drypetes indica	核果木	*F. microcarpa*	细叶榕
Dunnia sinensis	绣球茜	*F. nervosa*	九丁榕
E		*F. pandurata*	琴叶榕
Eccremocarpus viridis	悬果藤	*F. subpisocarpa*	笔管榕
Echinochloa crus-galli	稗	*F. tinctoria* subsp. *gibbosa*	斜叶榕

F. variegata	杂色榕	*Hypserpa nitida*	夜花藤
F. variolosa	变叶榕	**I**	
Fimbristylis cymosa var. *spathacea*	佛焰苞飘拂草	*Ilex asprella*	秤星树
F. subbispicata	双穗飘拂草	*I. ficoidea*	榕叶冬青
F. umbellaris	伞形飘拂草	*I. macrocarpa*	大果冬青
G		*I. pubescens*	毛冬青
Gahnia tristis	黑莎草	*I. viridis*	绿冬青
Garcinia multiflora	多花山竹子	*Imperata cylindrica* var. *major*	大白茅
G. oblongifolia	岭南山竹子	*Indigofera hirsuta*	硬毛木蓝
Gardenia jasminoides	栀子	*Ipomoea cairica*	五爪金龙
Glochidion eriocarpum	毛果算盘子	*I. pes-caprae*	厚藤
G. hirsutum	厚叶算盘子	*I. triloba*	三裂叶薯
G. wrightii	白背算盘子	*I. violacea*	管花薯
Glycosmis pentaphylla	山小橘	*Ischaemum aristatum* var. *glaucum*	鸭嘴草
Glyptopetalum fengii	海南沟瓣	*I. barbatum*	粗毛鸭嘴草
Gnetum montanum	买麻藤	*I. ciliare*	细毛鸭嘴草
Guettarda speciosa	海岸桐	*Itea chinensis*	鼠刺
Gymnanthera oblonga	海岛藤	*Ixonanthes reticulata*	粘木
Gymnema sylvestre	匙羹藤	*Ixora hainanensis*	海南龙船花
Gymnosporia diversifolia	细叶裸实	**J**	
Gynura divaricata	白子菜	*Jasminum elongatum*	扭肚藤
G. formosana	白凤菜	*J. lanceolaria*	清香藤
H		*Justicia adhatoda*	鸭嘴花
Hancea hookeriana	粗毛野桐	*J. patentiflora*	野靛棵
Hedyotis acutangula	金草	**K**	
H. diffusa	白花蛇舌草	*Kadsura coccinea*	黑老虎
H. pinifolia	松叶耳草	*Kandelia obovata*	秋茄树
Helicia cochinchinensis	小果山龙眼	*Kyllinga brevifolia*	短叶水蜈蚣
Helicteres angustifolia	山芝麻	**L**	
Hemarthria sibirica	牛鞭草	*Lantana camara*	马缨丹
Heritiera littoralis	银叶树	*Lasianthus chinensis*	粗叶木
Hibiscus tiliaceus	黄槿	*Launaea sarmentosa*	匐枝栓果菊
Homalium cochinchinense	天料木	*Laurocerasus phaeosticta*	腺叶桂樱
Hoya carnosa	球兰	*Lepidosperma chinense*	鳞籽莎
Hydrocotyle sibthorpioides	天胡荽	*Lepturus repens*	细穗草

Leucaena leucocephala	银合欢	*Melicope pteleifolia*	三桠苦
Lindera communis	香叶树	*Melinis repens*	红毛草
Lindernia crustacea	母草	*Melodinus suaveolens*	山橙
Liriope spicata	山麦冬	*Microstegium fasciculatum*	蔓生莠竹
Litchi chinensis	荔枝	*Microtropis paucinervia*	少脉假卫矛
Lithocarpus corneus	烟斗柯	*Mimosa bimucronata*	光荚含羞草
L. konishii	油叶柯	*M. pudica*	含羞草
Litsea glutinosa	潺槁木姜子	*Miscanthus floridulus*	五节芒
L. glutinosa	潺槁树	*M. sinensis*	芒
L. rotundifolia	圆叶豺皮樟	*Morinda citrifolia*	海滨木巴戟
L. rotundifolia var. *oblongifolia*	豺皮樟	*M. officinalis*	巴戟天
Lonicera confusa	华南忍冬	*M. parvifolia*	鸡眼藤
L. japonica	忍冬	*M. umbellata* subsp. *obovata*	羊角藤
Lophatherum gracile	淡竹叶	*Murdannia triquetra*	水竹叶
Loropetalum subcordatum	四药门花	*Murraya alata*	翼叶九里香
Ludisia discolor	血叶兰	*Musa* × *paradisiaca*	大蕉
Ludwigia adscendens	水龙	*M. nana*	香蕉
Lygodium flexuosum	曲轴海金沙	*Mussaenda pubescens*	玉叶金花
L. japonicum	海金沙	*Myoporum bontioides*	苦槛蓝
M		*Myrsine seguinii*	密花树
Macaranga tanarius var. *tomentosa*	血桐	**N**	
Machilus breviflora	短序润楠	*Neolitsea aurata*	新木姜子
M. chinensis	华润楠	*Nepenthes mirabilis*	猪笼草
M. velutina	绒毛润楠	*Nephrolepis biserrata*	长叶肾蕨
Maclura cochinchinensis	构棘	*Neyraudia reynaudiana*	类芦
Maesa japonica	杜茎山	**O**	
Malaisia scandens	牛筋藤	*Odontosoria biflora*	阔片乌蕨
Mallotus apelta	白背叶	*Opuntia dillenii*	仙人掌
M. paniculatus	白楸	*Ormosia semicastrata*	软荚红豆
M. philippensis	粗糠柴	*Oxalis corniculata*	酢浆草
M. repandus	石岩枫	**P**	
Markhamia spathacea	大叶猫尾木	*Paederia foetida*	鸡矢藤
Melastoma malabathricum	野牡丹	*Pandanus austrosinensis*	露兜草
M. sanguineum	毛菍	*P. tectorius*	露兜树
Melia azedarach	苦楝	*Panicum brevifolium*	短叶黍

P. repens	铺地黍	*Pseudosasa cantorii*	托竹
Parmentiera cerifera	桐花树	*P. hindsii*	篲竹
Paspalum distichum	双穗雀稗	*Psidium guajava*	番石榴
P. thunbergii	雀稗	*Psychotria asiatica*	九节
P. vaginatum	海雀稗	*P. serpens*	蔓九节
Passiflora foetida	龙珠果	*Psydrax dicocca*	鱼骨木
Pavetta hongkongensis	香港大沙叶	*Pteris ensiformis*	剑叶凤尾蕨
Pemphis acidula	水芫花	*P. semipinnata*	半边旗
Peristrophe bivalvis	观音草	*Pueraria montana*	葛藤
Phoenix loureiroi	刺葵	*P. montana* var. *thomsonii*	粉葛
P. sylvestris	林刺葵	*Pycnospora lutescens*	密子豆
Phragmites australis	芦苇	*Pycreus polystachyos*	多枝扁莎
Phyla nodiflora	过江藤	*Pyrrosia lingua*	石韦
Phyllanthus cochinchinensis	越南叶下珠	**Q**	
P. emblica	余甘子	*Quercus pseudosetulosa*	万山栎
P. reticulatus	小果叶下珠	**R**	
P. urinaria	叶下珠	*Radermachera frondosa*	美叶菜豆树
Physalis angulata	苦蘵	*R. hainanensis*	海南菜豆树
Pinus massoniana	马尾松	*Rhaphiolepis indica*	石斑木
Pisonia grandis	抗风桐	*Rhapis excelsa*	棕竹
Pittosporum glabratum	光叶海桐	*Rhizophora stylosa*	红海兰
Planchonella obovata	山榄	*Rhododendron simsii*	映山红
Pluchea indica	阔苞菊	*Rhodomyrtus tomentosa*	桃金娘
P. pteropoda	光梗阔苞菊	*Rhus chinensis*	盐肤木
Plumbago zeylanica	白花丹	*Rhynchospora rubra*	刺子莞
Podocarpus macrophyllus	罗汉松	*Ricinus communis*	蓖麻
Polygala chinensis	华南远志	*Rottboellia cochinchinensis*	筒轴茅
Polygonum chinense	火炭母	*Rourea microphylla*	小叶红叶藤
P. lapathifolium	酸模叶蓼	*R. minor*	红叶藤
Polyspora axillaris	大头茶	*Rubus reflexus*	锈毛莓
Portulaca oleracea	马齿苋	**S**	
P. pilosa	毛马齿苋	*Sabia japonica*	清风藤
Pothos chinensis	石柑子	*Saccharum spontaneum*	甜根子草
Praxelis clematidea	假臭草	*Sageretia thea*	雀梅藤
Premna serratifolia	伞序臭黄荆	*Sansevieria trifasciata*	虎尾兰

Sarcandra glabra	草珊瑚	*Strophanthus divaricatus*	羊角拗
Sauropus bacciformis	艾堇	*Strychnos angustiflora*	牛眼马钱
Schefflera heptaphylla	鹅掌柴	*S. cathayensis*	华马钱
Schoepfia chinensis	华南青皮木	*Styrax suberifolius*	栓叶安息香
Scleria biflora	二花珍珠茅	*Suaeda australis*	南方碱蓬
Scolopia chinensis	箣柊	*Suriana maritima*	海人树
Scoparia dulcis	野甘草	*Symplocos congesta*	密花山矾
Secamone elliptica	鲫鱼藤	*S. stellaris*	老鼠矢
Sehima nervosum	沟颖草	*Synsepalum dulcificum*	神秘果
Sesuvium portulacastrum	海马齿	*Syzygium buxifolium*	赤楠
Setaria viridis	狗尾草	*S. hancei*	红鳞蒲桃
Sida chinensis	中华黄花棯	*S. levinei*	山蒲桃
S. cordata	长梗黄花棯	*S. odoratum*	香蒲桃
S. cordifolia	心叶黄花棯	T	
S. rhombifolia	白背黄花棯	*Tarenna attenuata*	假桂乌口树
Smilax china	菝葜	*T. mollissima*	白花苦灯笼
S. glabra	土茯苓	*Terminalia catappa*	榄仁树
S. hypoglauca	粉背菝葜	*Ternstroemia gymnanthera*	厚皮香
S. lanceifolia var. *opaca*	暗色菝葜	*Tetracera sarmentosa*	锡叶藤
Spartina alterniflora	互花米草	*Tetradium glabrifolium*	棟叶吴萸
S. anglica	大米草	*Thespesia populnea*	桐棉
Solanum americanum	少花龙葵	*Thuarea involuta*	蒭雷草
S. procumbens	海南茄	*Tinospora sinensis*	中华青牛胆
S. torvum	水茄	*Tournefortia argentea*	银毛树
Sonneratia apetala	无瓣海桑	*Toxicodendron succedaneum*	野漆
Sonneratia caseolaris	海桑	*Trema tomentosa*	山黄麻
Sphagneticola trilobata	南美蟛蜞菊	*Triadica cochinchinensis*	山乌桕
Spinifex littoreus	老鼠艻	*T. sebifera*	乌桕
S. littoreus	鬣刺	*Triumfetta cana*	毛刺蒴麻
Stephania longa	粪箕笃	*T. grandidens*	粗齿刺蒴麻
Sterculia lanceolata	假苹婆	*T. procumbens*	铺地刺蒴麻
S. monosperma	苹婆	*Turpinia montana*	山香圆
Stillingia lineata subsp. *pacifica*	假厚托桐	*Tylophora ovata*	娃儿藤
Stipa bungeana	长芒草	*Typha orientalis*	香蒲
Streblus asper	鹊肾树	U	

Urena lobata	地桃花	*Wendlandia uvariifolia*	水锦树
Uvaria macrophylla	紫玉盘	*Wikstroemia indica*	了哥王
V		*Wollastonia biflora*	孪花菊
Viburnum odoratissimum	珊瑚树	**X**	
Vigna marina	滨豇豆	*Xylosma congesta*	柞木
Vitex quinata	山牡荆	**Z**	
V. rotundifolia	单叶蔓荆	*Zanthoxylum avicennae*	簕欓花椒
V. trifolia	蔓荆	*Z. bungeanum*	花椒
Vitis balansana	小果葡萄	*Z. dissitum*	砚壳花椒
V. vinifera	葡萄	*Z. laetum*	拟砚壳花椒
W		*Z. nitidum*	两面针
Waltheria indica	蛇婆子	*Zoysia matrella*	沟叶结缕草

附录二

中国热带海岛植被分类系统的群丛及以上分类单位简表

1. 中国热带大陆岛植被类型

常绿针叶林

Evergreen Coniferous Forest

- 马尾松群系

  马尾松群丛

针阔叶混交林

Coniferous and Broad—leaved Mixed Forest

- 马尾松群系

  马尾松 + 红鳞蒲桃群丛

  马尾松 + 大叶相思群丛

常绿阔叶林

Evergreen Broad—leaved Fores

- 岭南青冈群系

  岭南青冈 + 革叶铁榄 + 密花树群丛

- 雷公青冈群系

  雷公青冈 + 粗毛野桐群丛

- 烟斗柯群系

  烟斗柯 + 华润楠 + 天料木群丛

- 万山栎群系

  万山栎群丛

- 华润楠群系

  华润楠 + 假苹婆群丛

  华润楠 + 老鼠矢 + 台湾相思群丛

- 樟群系
  - 樟 + 台湾相思群丛
- 木麻黄群系
  - 木麻黄 + 台湾相思群丛
  - 木麻黄群丛
- 山杜英群系
  - 山杜英 + 鹅掌柴群丛
- 山油柑群系
  - 山油柑 + 菊柊群丛
  - 山油柑 + 密花树 + 马尾松群丛
- 楝叶吴萸群系
  - 楝叶吴萸 + 白楸群丛
- 栓叶安息香群系
  - 栓叶安息香 + 台湾相思群丛
- 水团花群系
  - 水团花 + 鹅掌柴群丛
- 台湾相思群系
  - 台湾相思 + 血桐 + 假苹婆群丛
  - 台湾相思 + 九节 + 假苹婆群丛
- 腺叶桂樱群系
  - 腺叶桂樱 + 棕竹群丛
- 银柴群系
  - 银柴 + 假苹婆 + 白楸群丛
- 厚叶算盘子群系
  - 厚叶算盘子 + 白楸 + 对叶榕群丛
- 山乌桕群系
  - 山乌桕 + 白楸群丛
- 血桐群系
  - 血桐 + 假苹婆群丛
  - 血桐 + 台湾相思群丛
- 鹅掌柴群系
  - 鹅掌柴 + 大叶相思群丛
- 香蒲桃群系
  - 香蒲桃群丛

- 红鳞蒲桃群系
  - 红鳞蒲桃 + 藤槐群丛
  - 红鳞蒲桃 + 海南龙血树群丛
- 高山榕群系
  - 高山榕群丛
- 龙眼群系
  - 龙眼 + 荔枝群丛
- 短穗鱼尾葵群系
  - 短穗鱼尾葵群丛
- 海南菜豆树群系
  - 海南菜豆树 + 构棘群丛
- 岭南山竹子群系
  - 岭南山竹子 + 狗骨柴 + 天料木群丛
- 罗浮柿群系
  - 罗浮柿 + 绒毛润楠群丛
- 白桂木群系
  - 白桂木 + 九丁榕 + 假苹婆群丛
- 雅榕群系
  - 雅榕 + 假苹婆 + 白桂木群丛
- 假玉桂群系
  - 假玉桂 + 血桐 + 秋枫群丛
- 四药门花群系
  - 四药门花群丛
- 窿缘桉群系
  - 窿缘桉群丛

红树林

Mangrove Forest

- 银叶树群系
  - 银叶树 + 海漆 + 无瓣海桑群丛
- 卤蕨群系
  - 卤蕨 + 秋茄树群丛
- 海榄雌群系
  - 海榄雌 + 红海兰群丛

海榄雌 + 蜡烛果群丛

- 无瓣海桑群系

无瓣海桑群丛

灌丛
Shrub

海滨常绿阔叶灌丛

- 草海桐群系

草海桐群丛

草海桐 + 鹅掌柴群丛

- 露兜树群系

露兜树群丛

露兜树 + 草海桐群丛

露兜树 + 血桐群丛

露兜树 + 无患子科 + 老鼠芳群丛

- 水芫花群系

水芫花群丛

- 豺皮樟群系

豺皮樟群丛

- 黄槿群系

黄槿 + 虎皮楠群丛

- 灌丛潺槁树群系

潺槁树 + 对叶榕群丛

- 鹅掌柴群系

鹅掌柴群丛

- 海厚托桐群系

海厚托桐群丛

- 海南龙血树群系

海南龙血树 + 黄槿 + 露兜草 + 草海桐群丛

山地常绿阔叶灌丛

- 米碎花群系

米碎花 + 九节 + 珊瑚树群丛

- 桃金娘群系

桃金娘 + 罗汉松 + 毛茶群丛

- 岗松群系

岗松 + 大头茶 + 密花树群丛

岗松 + 吊钟花 + 绣球茜群丛

- 篁竹群系

篁竹 + 建兰 + 蛇舌兰群丛

- 厚皮香群系

厚皮香 + 山油柑群丛

- 灌丛白桂木群系

白桂木 + 鼠刺群丛

- 细叶裸实群系

细叶裸实 + 海南留萼木群丛

细叶裸实 + 美叶菜豆树群丛

- 灌丛细叶榕群系

细叶榕 + 黑面神群丛

- 刺葵群系

刺葵 + 美丽鸡血藤群丛

灌草丛
Shrub Grass

山地灌草丛

- 类芦群系

类芦 + 长叶肾蕨 + 草海桐群丛

类芦 + 盐肤木群丛

- 芒萁群系

芒萁 + 豺皮樟 + 米碎花群丛

- 五节芒群系

五节芒 + 芒萁群丛

- 双穗飘拂草群系

双穗飘拂草 + 野牡丹 + 马唐群丛

- 桃金娘群系

桃金娘 + 芒萁群丛

• 猪笼草群系

　　猪笼草群丛

• 香蒲群系

　　香蒲群丛

滨海草丛

• 厚藤群系

　　厚藤群丛

• 互花米草群系

　　互花米草群丛

2. 中国热带珊瑚岛植被类型

珊瑚岛热带常绿乔木群落

Coral Island Tropical Evergreen Arbor Community

• 抗风桐群系

　　抗风桐群丛

　　抗风桐 + 海滨木巴戟群丛

　　抗风桐 + 草海桐 + 海岸桐群丛

• 海岸桐群系

　　海岸桐群丛

• 红厚壳群系

　　红厚壳群丛

• 橙花破布木群系

　　橙花破布木 + 草海桐群丛

珊瑚岛热带常绿灌木群落

Coral Island Tropical Evergreen Shrub Community

• 草海桐群系

　　草海桐群丛

　　草海桐 + 海岸桐群丛

草海桐 + 银毛树群丛

• 银毛树群系

　　银毛树群丛

• 水芫花群系

　　水芫花群丛

• 海人树群系

　　海人树群丛

　　海人树 + 草海桐群丛

• 许树群系

　　许树群丛

• 伞序臭黄荆群系

　　伞序臭黄荆群丛

珊瑚岛热带草本群落

Coral Island Tropical Herbaceous Community

• 厚藤群系

　　厚藤群丛

　　厚藤 + 南美蟛蜞菊群丛

• 铺地刺蒴麻群系

　　铺地刺蒴麻 + 草海桐群丛

• 细穗草群系

　　细穗草群丛

珊瑚岛热带湖沼植物群落

Coral Island Tropical Limnetic Plants Community

• 海马齿群系

　　海马齿群丛

珊瑚岛热带栽培植物群落

Coral Island Tropical Cultivated Plants Community

• 木麻黄群系

　　木麻黄群丛

• 椰子群系

　　椰子 + 榄仁树群丛

3. **中国热带火山岛植被类型**

常绿阔叶林

Evergreen Broad—leaved Forest

- 台湾相思群系

　　台湾相思群丛

　　台湾相思 + 银合欢群丛

- 木麻黄群系

　　木麻黄 + 露兜树群丛

- 构树群系

　　构树群丛

常绿、落叶阔叶混交林

Evergreen Mixed Deciduous Broad-leaved Forest

- 银合欢群系

　　银合欢 + 孪花菊群丛

　　银合欢 + 仙人掌群丛

灌丛

Shrub

海滨常绿阔叶灌丛

- 仙人掌群系

　　仙人掌群丛

- 刺果苏木群系

　　刺果苏木 + 露兜树 + 许树群丛

灌草丛

Shrubs Grass

山地灌草丛

- 香蒲群系

　　香蒲群丛